体验设计原理
行为、情感和细节

周雷·编著

電子工業出版社
Publishing House of Electronics Industry
北京·BEIJING

内 容 简 介

本书基于体验视角，为设计师提供了一套思考逻辑和设计思路。在产品设计中，有 3 个必不可少的维度：行为、情感、细节。行为维度主要作用于产品的使用层面，考虑的是如何让产品的使用更加轻松、高效和符合预期；情感维度是对用户心理层面的考量，设计要能关注到用户的情绪，产品也应该有自身的性格，另外要找到连接产品与用户的纽带；细节维度存在于行为维度和情感维度之中，同时又决定了两者的完善程度。3 个维度共同组成了一套完整的体验设计系统。这套设计系统不仅可以用于产品设计中，还对工作协同和生活中的体验起着至关重要的作用。

图书在版编目（CIP）数据

体验设计原理：行为、情感和细节 / 周雷编著. —北京：电子工业出版社，2023.6

ISBN 978-7-121-45499-8

Ⅰ. ①体… Ⅱ. ①周… Ⅲ. ①产品设计－研究 Ⅳ. ①TB472

中国国家版本馆CIP数据核字（2023）第074450号

责任编辑：高　鹏　　　　特约编辑：田学清

印　　刷：天津善印科技有限公司

装　　订：天津善印科技有限公司

出版发行：电子工业出版社

北京市海淀区万寿路173信箱　　　　邮编：100036

开　　本：720×1000　1/16　印张：12.25　字数：254.8千字

版　　次：2023 年 6 月第 1 版

印　　次：2023 年 6 月第 1 次印刷

定　　价：98.00元

凡所购买电子工业出版社图书有缺损问题，请向购买书店调换。若书店售缺，请与本社发行部联系，联系及邮购电话：（010）88254888，88258888。

质量投诉请发邮件至zlts@phei.com.cn，盗版侵权举报请发邮件至dbqq@phei.com.cn。

本书咨询联系方式：（010）88254161~88254167转1897。

前言
PREFACE

这是一本写给设计师的书，也是一本写给设计行业的书。同时，编写这本书也是为了致敬这个行业及在这个行业中奋斗的每一位设计师。我不知道编写这本书算不算是为行业做贡献，但我觉得这至少是一种交流。设计行业的发展需要交流，因为很多思想的产生都来源于交流。一位设计师的想法经过其他设计师的思考、加工会变成另一种新的想法，所有的设计师相互交流、沟通，也就形成了越来越好的行业景象。无论是资深的设计师，还是设计新人，都是组成设计行业的重要部分，也都是让设计行业变得越来越好的核心推动力。

这是一本适合所有阶段的设计师阅读的书，甚至我觉得它可以被所有互联网从业者，乃至所有人所用。因为这不是一本介绍“设计技巧”的基础书，也不是一本汇集各路“方法论”的高阶书，而是讨论设计视角的底层方向的书。这些视角是最普通的、最简单的，所以，相比于那些复杂的“方法论”，我相信本书能够更容易地被大家提取到符合自身需要的内容。

我曾参与编写过一本书，那本书有十余位作者，这样多位作者共同参与编写的书能以较低的门槛为读者产出较丰富的内容。但我发现，这样的书即便书中的每篇内容质量都很高，也会因为每位作者的写作风格及观念不同，使书的“性格”变得四分五裂，就好像一个产品内各个界面的风格不统一、不和谐。我想每位作者都期望可以单独编写一本“性格”统一的书，就像把风格不统一的产品变得更加统一、和谐一样。但这样的书，撰写成本也确实高出不少。

我从 2018 年中旬开始着手构思、编写本书，从纲要到成稿，写了足足两年有余。截至目前，编写该书最大的受益者是我本人，从理念的产生到工作中的验证，再到参考图书的阅读，两年下来，自己的收获还是非常大的。我认为，设计理念如果要让他人受用，首先它对自己就必须能起到作用。

最后，我希望这本书可以给大家带来一些价值，这些价值起码要高于读者对这本书的投入成本，我想这才是物有所值的体现。同时，我也期望这些价值不只是这本书中所阐述的内容，而是通过阅读本书的内容，提取出符合自身需要的内容。如此，便是这本书价值最大化的体现，也是最让人欣慰的事情。

主要内容

本书共分为 5 章。

第 1 章阐述了我们生活中的体验设计，以及让我们明白很多的生活体验都与工具有着密不可分的联系。随着社会的发展，互联网逐渐融入我们的工作与生活，它提高了我们的工作效率、生活质量，但同样也伴随着一系列的问题，这些问题体现在产品中，也体现在我们的设计工作中。但这些问题的产生并不是一个永久性的问题，而是由我们当前所处的发展阶段所造成的，回顾历史，我们能发现一些发展的规律，这一切都表明了未来互联网行业对体验设计的依赖性。

第 2 章具体阐述了当前互联网产品存在的体验设计问题，这些问题虽然容易被人们忽略，但也映射出了设计师的底层思考方向：行为、情感与细节维度。这 3 个维度既相互独立又相互依赖，共同组成了一个区别于其他行业的设计视角。这个视角可以很好地运用于不同阶段的产品，设计师结合这 3 个维度，通过“自下而上”及“自上而下”的两种设计思考路径，不仅可以让产品的设计价值最大化，还可以让设计的产出更“合乎时宜”。同时，这里面的很多思路也可以直接作用于设计师自身的成长，帮助其梳理一个相对清晰的成长规划。

第 3 章详细探讨了设计的 3 个维度的实际运用：行为维度设计、情感维度设计、细节维度设计。行为维度主要作用于产品的使用层面，考虑的是如何让产品的使用更加轻松、高效及符合预期；情感维度是对用户心理层面的考量，为人所用的产品都应考虑到情感维度，产品的设计要能关注到用户的情绪，产品也应该有自身的性格，另外要找到连接产品与用户的纽带；细节维度存在于行为维度和情感维度之中，同时又决定了两者的完善程度，设计中的细节包括使用流程中的细节及表现形式中的细节。这 3 个维度都很重要，共同组成了一套完整的体验设计系统。

第 4 章主要讨论了设计的 3 个维度如何作用于我们的设计工作中。如果我们期望把一件事情做好，就必须考虑协作者的感受，无论是跨团队多角色的协作，还是与团队内其他设计师的协作，都应考虑对方的体验感。同理，无论是互联网产品中的常规型项目，还是由设计师自行发起的驱动型项目，都是如此。而这些感受就来源于“设计视角”中的 3 个维度。

第 5 章是我个人对行业及生活的观察与想法，“设计视角”可以帮助设计师更好地工作，同样可以帮助我们提高自己的生活质量，以及帮助我们处理好在生活中所遇到的一些问题。这个视角不能单独归功于设计师自身，也不能归功于设计行业，而是来自设计师与设计行业的和谐共处。

周 雷

推荐序

RECOMMENDATION

用户体验设计是科技与艺术的交叉领域，该领域为我们带来了全新的设计视角与形式。设计本身也是一套开放的系统，在与不同学科碰撞的过程中，便会自然而然地进化自己。正如本书中所阐述的，设计并不是一种固定下来的技巧，它除了可以作用于专业自身，也可以与其他方面产生交叉反应，直至形成一套独特的行为准则，这就是设计的魅力。我相信作者通过自身的看法与经历能给其他设计师带来不同的视角与方法，同时，我也希望本书能给广大设计师带来更大的价值，促进设计行业高质量发展。

鲁迅美术学院副院长、教授　赵璐

这本书全方位地介绍了体验设计思维，也讲到了很多设计的方法和技法。相比这几年我看过的与体验设计相关的图书，这本书是相对能从设计师可入手的维度去展开讨论的，而不是一味地去强调交互而忽略视觉层面的设计。我一向比较反对片面追求交互和所谓的短期效率，而忽略视觉感受和趣味性的设计，我觉得那样的方向始终是希望设计师全面向产品经理靠拢的。而在做产品方面，我们还是很难赶得上产品经理的专业度的，所以这本从设计角度着手的书则显得尤为珍贵。

体验设计一定是理性和感性相结合的，也就是要有一半做产品的思维，同时也要有一半做服务的思维。这本书很好地介绍了行为、情感和细节设计，结合一些实操案例，不但避免了曲高和寡，同时还增加了趣味性，我把它理解为这本书的情感设计。

自如网副总经理 / 设计中心总监　贾洪涛

这是一本偏体验设计思维方式的书，和入门工具书、“方法论”最大的区别是，思维方式的习得能够帮助设计师理解体验设计的底层逻辑，而不是学习某项技法去完成某阶段的工作任务。短期的技法很容易过时，而思维方式的形成能更为长久地辅助设计师挖掘体验问题、提升产品的使用体验。

本书作者通过自己的思考和实践经历为大家带来了他对体验设计的独特理解，这不仅能让设计师对体验设计思维有更深刻的认识，还能在一定程度上激发大家从不同角度进行用户洞察，这样体验设计行业才会越来越好。当我们让市场正视了体验设计的价值时，体验的价值空间才会更大。

京东金融 App UI 设计负责人　曾文静

设计师在工作中所遇到的问题是多样且复杂的，面对这些问题，我们除了点对点地解决具体问题，还应找到产生这些问题的底层原因，只有这样，我们才能足够了解它、应对它。这本书全方位地讲述了体验设计视角下的问题与方法。如果你是一位设计新人，那么这本书可以带你一窥体验设计的来龙去脉；如果你是一位有经验的设计师，那么我相信这本书也可以为你带来不一样的设计视角。

快手社交 & 单列消费设计负责人 / 大牙的设计笔记作者　许苏亚（大牙）

这是一本从体验视角出发的设计图书，作者系统地阐述了该视角下的设计问题与对应的解决办法。同时，书中所提及的 3 个维度与我们的实际设计工作结合密切，可以帮助我们在工作中厘清设计思路，攻克重重设计难关。总之，这是一本值得一读的设计书。

腾讯 FXD 用户体验设计团队经理　李靓

用户体验设计的知识体系过于庞大，容易让人目不暇接。作者巧妙地选取了行为、情感和细节 3 个维度进行阐述和运用，对于初入用户领域的设计师来说，这本书可以帮助他一窥体验设计的门道。

优设网内容总监　程远

目 录
CONTENTS

第 1 章

产品体验设计

1.1 生活中的体验设计

朋友向我推荐了一家餐厅，说那儿的餐品好，服务和环境也好。我们去得比较早，若稍晚一些恐怕就要经历残酷的排队了，不过也可以接受，谁叫这家餐厅优秀呢！我们被服务员带着走过了一条不算长的安静走廊，走廊布置了氛围灯并播放着音乐。十几秒的时间已经让我从外面的吵闹声中脱离出来了，这可真是一个沉浸式的典型案例。

这里的装修并不奢华，但软硬适中的椅子、整齐摆放的餐具与干净整洁的餐桌足以让人呼吸通畅。相反，我感觉过于奢华的装修反而会给人一种压迫感，令人不适。因为餐厅的多人桌在另一个区域的隔间，所以整体的用餐环境没有久别重逢、多人畅饮的激动场面，更多的声音来自两三人的闲聊声，虽不吵，但也没有特别寂静。这里的菜品均为搭配好的组合，不过令人惊喜的是如有不同口味的需求还可以多组单品自由调换，既解决了选择困难的问题，也保证了选择的灵活性，这就很厉害了。外加服务员的简单解释，我们轻松地点好了餐，流程很顺畅。

再说菜品，这里的菜品是统一的调性，不豪华，但精致，并且还都非常好吃（这很重要）。用餐的桌位虽已坐满，但是在用餐的过程中我们还是可以随时叫到服务员的，因为在这里对服务员采取分块管理的方式，一个服务员只负责几桌的顾客，所以很少看到服务员匆忙地走来走去的场景，试想一下，如果所有的服务员负责所有的顾客，那么即便这家饭店的服务员再多，也必然会是乱糟糟的，这或许就是内部结构对表现层面的影响吧。

“这家餐厅真好，我们以后可以常来。”我对我的朋友说。“那你可得提前过来，如果是饭点过来，那说不定得在外面排上几个小时的队了。”朋友回应道。

体验好的餐厅可能要等位几个小时，而这几个小时却很难熬，这似乎是一个不太好解决的矛盾。但为什么会这样呢？原因无外乎好的东西供不应求，才让人宁愿等几个小时，也要选择这些体验好的餐厅。我一直喜欢去不同的餐厅体验用餐时的感受，这也是我个人的一个小癖好。我去过很多餐厅，有些餐厅虽然很贵，但只是装修得金碧辉煌、食材贵，整体的体验感受不怎么样，甚至有些服务员还会带着一股与生俱来的傲慢劲儿，让人不舒服；有些餐厅是桌位小，盘子很大，食物很少，单看是好看，但挤在桌子上，整体就不美观；有些餐厅推出的某道菜未考虑就餐人数，如一道菜是 3 人份的，而实际上有 4 个人就餐，这种情况没有被提前提醒，你也不好意思去问，显得自己像一个“事儿妈”。细节不到位的昂贵餐厅有很多，多数情况下我都是只去一次，然后作为跟朋友“吐槽”的谈资罢了。

那么，是什么决定了我们对一家餐厅的整体感受呢？菜品好吃、安静的走廊、舒适的椅子、愉悦的服务、合理的摆盘，这些都是决定用餐体验的重要因素，哪个环节出了问题都不行。

当然，我们日常生活的体验不只有用餐，从我们早上被闹钟叫醒、洗漱、用杯子冲上一杯咖啡或其他饮品、出门、开车或乘坐其他交通工具，再到上班或上课，直到晚上我们躺在床上，都是在体验不同的生活元素，而这些体验又都是由各种元素内的各个部件所组成的，这些部件相辅相成，缺一不可，共同组成了一套完整的体验系统。好的体验能够让人整天愉悦，而差的体验则会挑战人的心情底线。

1.2 从传统产品设计到互联网产品体验设计

体验贯穿了我们生活的每一天，而这些体验绝大部分都来自对工具的体验。试想一下，我们每天需要使用多少种工具来为我们服务呢？从睡梦中醒来后关闭了的闹钟、洗漱时用的牙刷和牙膏、冲咖啡的杯子、听音乐的 App、乘坐的地铁、用来交流的微信，以及用来支付的支付宝等。粗略地计算了一下，我们每天直接接触的工具至少有上百种，这还不包含一种综合类工具下所嵌套的多层工具，如地铁上的座位和扶手之类的工具等。这些工具已经融入我们生活的方方面面，以至于我们会忽略它们的存在，但它们已成为我们生活中不可缺少的部分，它们的体验设计会直接影响我们的生活效率、心情甚至人身安全。

1.2.1　产品设计的发展

产品设计的起源最早可以追溯到石器时代，如那个时代的石器、玉器和陶瓷的制造等，当时主要依赖于手工生产。但手工艺品的产能较低，设计服务的对象大部分为达官贵族，这类手工艺品的特点是华丽、精细、彰显贵族气势。颠覆这一现状的是欧洲工业革命，由传统手工业转变为机械生产。在工业革命的早期，设计师并没有适应这种生产方式，所以简陋、粗糙的大批量产品充斥了当时的市场，进而造成了该行业的设计水平整体下降。现代主义设计的产生基于大工业生产方式和以多数人为消费对象的设计思想。

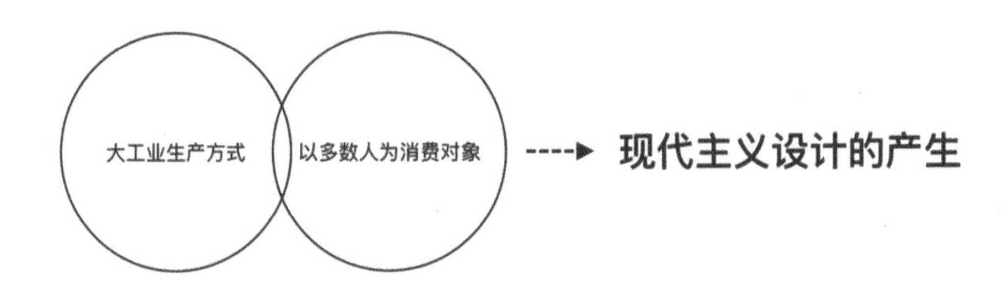

当时，人们意识到工业产品的简陋和粗糙，曾试图用造型艺术来包装工业产品，在产品上增加了一些美术图案和雕塑，但这并不能让艺术和产品本身相结合。1870 年，英国的威廉•拉金提出“世界不应该只有一种艺术，应该有大艺术和小艺术共存”。这里的“小艺术”指的是设计，这也是设计的理论第一次被提出，但他同时又认为机器无法生产出美的产品，美的产品必须经过人的双手来打造，试图复兴手工生产，这又违背了历史的发展。

德国是最早理性地认识与投入工业产品设计的国家。1907 年，德国成立了“德意志制造联盟”，并且实施了一系列设计实践，但不幸被第一次世界大战打断了。战争结束后这些设计实践得以继续，并成立了世界上第一所现代设计学院——国立魏玛包豪斯学院（以下简称“包豪斯”），它的成立标志着现代设计教育的诞生，对现代设计教育发展产生了深远的影响。

现代主义设计通常被称作“功能主义设计”，和名字的含义差不多，其主要的思想就是“形式服从功能”，强调“少即是多”等设计理念，这些设计理念在多年后的今天仍然适用。最早的现代主义设计是从建筑设计发展起来的，它打破了千年以来设计为权贵服务的立场和原则，随后又影响到了建筑设计、家居设计、产品设计、平面设计等，形成了完整的现代主义设计运动。

建筑设计

家居设计

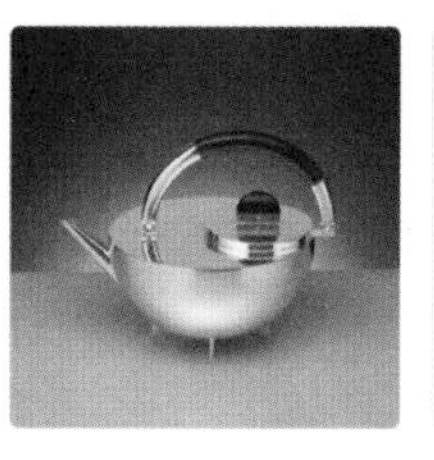

产品设计

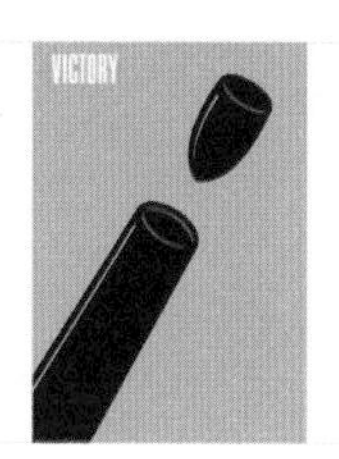

平面设计

在现代主义设计思想的影响下，世界各国的设计风格越来越趋于一致，这种理性的特点发展到 20 世纪 60 年代逐渐开始引起人们的不满，大家认为现代主义设计古板、平庸、冷漠，把世界变成了冰冷的机器。之后便催生了后现代主义设计，意大利的“孟菲斯”设计是后现代主义设计极具代表性的团队，其设计的作品具有极强的装饰性和趣味性，如下图所示。

同时，以芬兰、瑞典和丹麦为代表的北欧国家，在认同现代主义设计的同时也强调产品的人情味，反对冷冰冰和过度机械化的设计。他们的设计简约典雅、舒适耐用，在国际上享有极好的声誉，如我们常见的宜家家居的设计等。

在现代主义设计发展期间，不同国家的设计发展也各具特色，美国遵循消费至上的设计原则；德国秉持着严谨和理性的设计理念；意大利更注重设计师的创造性；北欧国家则强调功能和情感结合的设计。直到今天，他们的设计依然理念分明，不同的设计理念共同组成了一个完整的多元化设计体系。

1.2.2　互联网产品体验设计

随着科技的发展，计算机和互联网随之诞生，互联网产品已经在不知不觉中融入了我们每个人的工作与生活。早期的互联网产品主要依托于 PC（Personal Computer）端，但操作计算机的时候我们必须坐在桌边，所以使用场景比较受限。2007 年，苹果公司发布了第一代 iPhone，2008 年推出了 iPhone 3G。从此，智能手机的发展开启了新纪元，各个企业的发力点开始纷纷转向移动互联网。移动互联网创业公司也马上跟进，大量的产品设计诉求展露出来。

移动互联网在发展初期，细腻的纹理和高写实的设计风格拉近了用户和互联网之间的心理距离，让用户感觉到了 iPhone 屏幕的惊艳，这些设计在现在看来或许已经显得风格老旧、元素冗余，但在那个阶段能绘制精致的图标和精彩的质感成为每位设计师的追求。任何时期的设计趋势盛行都必然有其历史原因的影响且一定符合人们当时的诉求，所以很难用如今的单一设计标准去衡量其好坏，如工业革命前巴洛克风格的装饰确实对产品的功能性有一定的影响，但它的华丽装饰也彰显了皇家的尊贵特点，深受贵族们的喜爱。

拟物化设计

拟物化设计以细腻的纹理以及高写实的图标为主，设计元素高度还原现实世界

随着智能手机的普及，移动互联网迎来了它的第一次设计革新——扁平化设计风格的流行。移动端的扁平化设计风格最早源于微软 Windows Phone 7 发

布的设计风格，这种风格的诞生并非空穴来风，它和现代主义设计的发展高度吻合。iOS 7 的发布使扁平化设计风格一夜爆红，iOS 7 的初衷就是“强调内容、弱化设计”。苹果公司的设计负责人艾维认为：“在移动端屏幕发展已久之后，人们已经习惯了屏幕操作，这个时候用户已经不再需要依托于真实世界的元素来辅助完成屏幕上的操作，所以强化内容本身、弱化设计元素，会变成今后互联网的设计方向。”

扁平化设计

强调内容、弱化设计，让用户的注意力更聚焦于内容本身

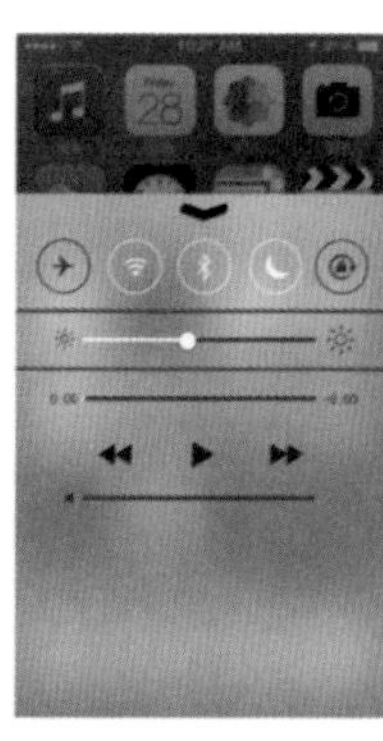

从工业产品的现代主义设计到移动互联网的扁平化设计，其设计理念都是趋于“形式服从功能或内容”。值得一提的是，在扁平化设计发展的几年内，就已经开始催生出了一些其他的设计理念，如最近很火的“增长黑客”理念。“增长黑客”是指一切以增长为目的的理念，那么它体现在设计上就是设计应该促进业务增长，这和美国遵循的消费至上的设计原则有类似之处。不可否认，增长理念确实适用于部分阶段的公司或项目的设计，但一味地提出增长口号会对设计师有一定的误导性，业务增长的曲线固然美丽，但达成这一目标的设计过程应“取之有道”，这一点将在 1.3 节“离不开的网络生活”中进行详细的探讨。

从硬件产品设计到软件产品设计，其发展都有着相似的轨迹。相比于硬件产品，软件产品的交互更为复杂、烦琐，但本质上它们都是工具，都是为人所用的，所以其设计理念有异曲同工之处。硬件产品设计发展到今天已经相对比较成熟，不同的设计理念共存并引导着不同文化下的设计发展；而软件产品设计目前还处在发展初期阶段。

当然，在未来，设计的载体可能还会再次发生变化，或是元宇宙，或是其他。但无论如何，其底层理念都是相通的。如果通过历史发展的角度来看未来设计理念的趋势，我觉得其最终一定会成为一个百花齐放的格局。

1.3　离不开的网络生活

了解外界所发生的事情是人们的诉求，但这在没有互联网的时候显得有一些麻烦。在那个时候，人们主要依赖于纸媒和电视等传统方式获取新闻消息。纸媒下的新闻类产品有很多不足之处，第一点是纸媒需要经过印刷和投递等环节，由于流程较多，它的信息传播速度很慢；第二点是纸媒的携带与传阅不方便，如果大家因事不能在家阅读，或者想分享给其他人进行阅读，那么就需要带上一大卷报纸出门；第三点是报纸的空间非常有限，无法承载太多的信息，容易出现大家对整张报纸的内容都不感兴趣的情况；第四点是已经看过的报纸很难被再次利用，其并不像图书一样可以珍藏起来偶尔再拿出来翻一翻，看过的报纸如果不愿意用它们来糊墙的话，那恐怕就要全部卖掉或扔掉了。

纸媒的不足

早期的互联网在一定程度上解决了这些问题，门户网站的诞生让新闻类产品减少了印刷和投递等环节，信息的传播速度得到了极大的提升。同时，互联网下的新闻类产品不需要携带，只要有网络即可使用与分享，这也极大地降低了新闻类产品的使用成本。当然，互联网带给我们的便捷不只体现在新闻类产品方面，包括搜索引擎、社交工具和电商平台等，都让我们获取信息的成本变得更低，让我们的生活与工作更加高效。

基于 PC 端的互联网产品只是互联网改变生活的开始。因为计算机体积较大，使用场景受到了很大的限制，时时刻刻携带一个计算机不现实，即使是轻便的笔记本电脑，随身携带也依然很不方便。在 2010 年的时候，小米创始人雷军曾说过“以后的智能手机在个人生活方面将会完全取代计算机”。相比于计算机，手机更易于 24 小时陪伴在我们身边，无论是躺在床上还是走在路上，无论是在公司还是在健身房，我们都可以更加便捷地享受手机中的各种服务，它就像科幻电影中的把所有信息都集合于一个芯片植入大脑的雏形产品。

据知名数据挖掘和分析机构艾媒咨询数据，截至 2017 年年底，中国的智能手机用户已达 6.68 亿人，而中国的全部手机用户仅为 7.68 亿人。更有分析称人们平均每天要看 150 次手机。我们越来越依赖手机，其实依赖的并不是“手机”本身，而是集成于手机终端的各种服务，如果还没出现更加方便的终端产品，人们将暂时无法放弃手机。

1.3.1 移动互联网下的生活变革

移动互联网是移动通信与互联网结合的产物，其设备包括手机、平板电脑和智能手表等移动设备，介于目前手机仍是移动端规模最大的终端产品，本文会暂以移动端为主来展开讨论。

手机，目前已经集成了我们生活中方方面面的必备产品，其中包括基于 PC 端优化了的产品和计算机时代曾经不可触及的产品。我们现在可以随时获得更广泛的信息，也可以更便捷地享受异地的服务。如前面所说的新闻类产品发展到移动互联网时期，我们已经不需要坐在桌子前打开计算机后登录门户网站去筛选分类再去阅读，我们可以在任何碎片化时间内翻阅新闻，结合个性化推荐，仿佛我们所关心的事都会自己主动“跑”到我们的眼前。

有很多 PC 端的互联网产品结合了移动端的优势，为我们带来了巨大的体验升级。网络购物改变了我们的购物方式，而手机淘宝的诞生则极大地提升了购物的效率。根据阿里指数 2018 年数据，使用淘宝移动端的用户占比目前已经高达 96% 以上，这也就意味着绝大部分的淘宝用户已从 PC 端购物转变为移动端购物。查找吃、喝、玩、乐信息的大众点评在移动端的用户量早已在 2013 年就超过了总用户量的七成。试想一下，如果没有移动端的大众点评，那么我们出门觅食将要面对什么样的情景？有网友甚至称“如果没有它，那么我的生活将无法自理”。

同时，基于移动互联网而诞生的产品也是我们生活中的重要组成部分，它们的功能属性更依赖于移动设备，如扫码支付和实时定位等。微信是诞生于手机时代的典型产品。张小龙在微信公开课中提到：在 2018 年 8 月份的时候，微信日活跃用户数突破 10 亿人。也就是说每天都有 10 亿人在使用微信，不得不说，它早已取代其他社交产品，成了我们社交的核心产品。这都依赖于移动端的独特属性。

基于PC端优化的产品

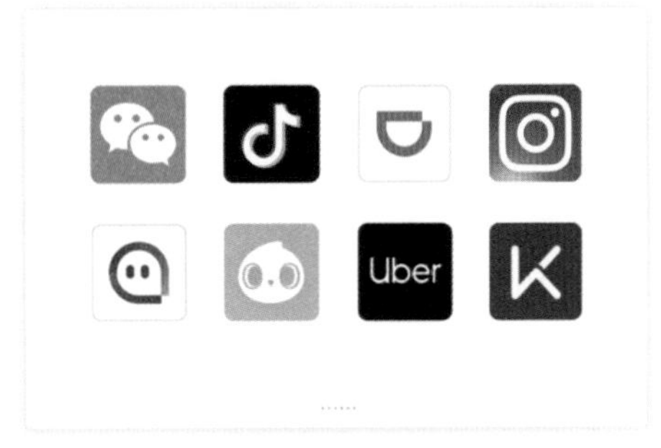

基于移动端创新的产品

如今，我们每天都需要使用移动互联网工具，它们已经完全融入了我们的生活，并成为生活中不可缺少的一部分，就如我在 1.2 节“从传统产品到互联网产品设计”中所提到的一个人每天所需的生活工具，有一半以上是基于移动互联网的工具。所以，我们才会因为手机没电而感到焦躁不安，这并没有什么不好，就像我们同样会因为停电而感到不安一样，这就是时代发展的必然趋势。

1.3.2　冗余的信息时代

互联网让我们的生活成本变低了，同时也带来了信息过载的现状。我们每天接收的信息早已超过了一个正常人所能承载的信息量，这些信息过载主要体现为垃圾信息过载、记忆信息过载和需求信息过载。垃圾信息，顾名思义就是指我们不需要的信息；记忆信息是指我们必须记住的信息，如信用卡还款日期、某些产品的账户与密码等；而需求信息是指我们所需要或潜在需要的信息，如某产品的功能或感兴趣的内容等。

三类信息过载的体现

信息几乎“轰炸”到了我们的每一个私人领域，曾经的短信应用早已成为“垃圾场”，他人只要知道我们的手机号码就可以给我们发送短信，无论我们是否同意接收。注册每个产品都需要手机号码、网购需要手机号码、日常办理各种业务也需要手机号码，日复一日，我们已经无法预知到底有多少陌生人存有我们的手机号码信息。他们不断地推送广告到我们的短信应用，甚至倒手转卖我们的手机号码，短信应用已变得一片狼藉。其他的应用也大同小异，“小红点满屏幕飞”的现象已经不足为奇。

一片狼藉的短信息

在互联网时代下，我们必须记住的信息也已严重超标。不同的产品因自身产品属性需要或为了提升用户使用黏度，都会设有账户与密码。有些产品为了安全，必须设置数字结合大小写字母的密码；有些产品需要数字加符号的密码；有些产品需要 8 位数密码；有些产品则需要 6 位数密码；有些产品需要单独设立支付密码，支付密码必须区别于登录密码；有些产品每过一年必须修改密码，且修改后的密码不能与之前的密码相同。忘记密码是一件令人烦恼的事情，尝试过几次错误的输入后或许因为安全问题账户还会被冻结，不允许再继续尝试；而找回密码又是一件很麻烦的事情，有些产品找回密码还需要使用很久以前设置的另一类密码。另外，找回的密码我们就一定能记得住吗？

除了上述这些我们讨厌的信息，我们喜欢的信息也让我们目不暇接。如微博、微信朋友圈、抖音、今日头条和知乎等，经过了产品本身的严格把控和个性化筛选，已过滤掉了大部分我们不想关注的信息，它们会为我们精准地推送我们感兴趣的信息。但是，仅微博和微信朋友圈的信息就已经足够我们阅读了，更何况关注了的各种视频达人和软件为我们量身定制的推送呢？

所以，就算是我们喜欢的信息也已经过载，而我们每个人一天的时间又非常有限，还有多少精力可以分配在这些信息上面呢？

1.3.3　被“套路”了的时间

曾有某公司组织过一次面试，面试者展示了他的一次设计提案（面试者之前所参与的产品设计为互联网购票产品），设计思路大概是这样的：在互联网购票场景下用户的黏度不高，都是买完即走，几乎不会在 App 内停留，我们期望用户能更多地停留在 App 内并浏览起来，所以提出了这套方案，因为这样才能让用户更多地发现精彩的产品。

这套设计方案从定位问题到解决问题的逻辑都很合理，思路也非常棒，但为什么现在的市场上就连购票工具都期望能够留住用户呢？每个产品都期望能更多地获取用户的时间并以此为目标，他们使用各种招式吸引用户长时间停留或逼迫用户长时间停留，能一页展示的内容分多页展示，或者直接把时间栏去掉，抑或是一个美化图片的软件非要强加个人社交工具等。他们很清楚效率的重要性，因为只有让用户长时间停留，才能将用户转换成更大的商业价值。

如果说是以增长为目的的，那么上述方案一定是非常成功的设计，因为它让用户在毫无察觉的情景下为产品贡献了大量的活跃度和停留时长。要想让用户多停留，还有很多办法，但用户一天的时间有限，如果产品本身为用户带来的价值不足以支撑用户所付出的时间，那么短时间内可能不会被用户发现，可时间长了，用户逐渐开始意识到这种现象，进而刻意地去抵制使用产品。不过若到此时，或许那些设计师会换一种方法去“套路”用户或用同样的方法去“套路”另一批用户。这样的设计对公司来讲也许并没有错，可能还是被高度推崇的，所以为了体现设计也具有商业价值，设计圈内刮起了一阵“设计赋能”“设计增值”的风，跟风者以此为目标，丢弃专业不再考虑用户，不再考虑体验。

根据官方报道，中国人每天使用手机的时间超过3个小时，位居世界第二位。当然，在这里我并不是想呼吁大家放下手机，因为我每天使用手机的时间要更长，至少在6个小时，但我并不觉得这是一个问题，而问题是有些时间浪费其实是可以避免的，包括那些不够完善的设计及那些故意的“套路”所造成的时间浪费。互联网目前还是处于发展与摸索中的行业，该阶段的行业存在体验问题也是合情合理的，所有产品都经历着“从无到有，从有到优”的过程，互联网产品也是一样。相反，如果没有问题，那才会让人更加恐慌。

1.4 体验设计时代的降临

产品中“设计”的含义正在发生变化，但是真正意识到这一点的人并不多。例如，在谈到追求更好的设计时，经常会有人说“为了提高附加价值”，但是把商品的设计看作“附加”价值，本身就不对。附加价值其实就是“附赠品”的含义，言外之意是说，设计并非商品本质的价值，而只是一种补充。但是，对商品而言，设计绝不是如附赠品一样的要素，而是扎根于本质的价值。

物体由两个要素构成，一个是功能，另一个是设计。随便拿起一个东西，比如玻璃杯，盛放液体是它的功能，没有柄、用玻璃制成是它的设计。古希腊哲学家亚里士多德曾讲过类似的话，他提出物体由“形式”和“质料”组成，形式决定物体的性质，质料即物体的材料，二者不可分割。实际上，在现代的商品中，决定其性质的功能和构成外观的设计也是不可分割的，缺了哪一个都无法作为商品存在。

——增田宗昭《知的资本论》

正如增田宗昭先生所说，设计是商品的本质。在互联网产品中，设计也是产品的本质，没有设计也就没有产品的存在。这里我替换了一个词语，将原文中的商品替换成了产品，因为本质上它们都是物品，所以道理也是一样的 。

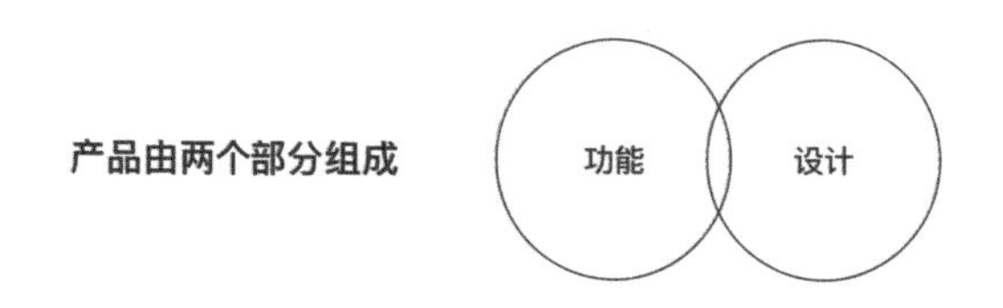

1.4.1 互联网产品更需要设计

任何产品都需要经历“从无到有，从有到优”的过程。“从无到有”的阶段需要“突破”，而“从有到优”的阶段则需要“体验”。如果把这套思路运用到我们的生活当中，那么有了互联网之后我们无疑属于“从有到优”的阶段了。没有互联网的时候，人们的生活很纯粹、质朴，或许在那个阶段看来当时的生活也没什么不好，但互联网让人们的生活质量和效率都得到了极大的提升，这就是“从有到优”的表现。

在互联网的影响下，市场营销的变革也决定了互联网产品的侧重方向。相比于传统产品，互联网产品的传播速度相对较快，增长成本也相对较低。传统行业固然有它独特的优势，由于存在地域等限制，产品的发展靠“吃”增长红利就够了，一直处于增长状态下的产品，体验的好坏也就没那么重要了，或者说体验在这种状态下并非核心因素。

互联网产品所处的环境不同，没有地域等限制，另外，互联网产品的曝光速度非常快。微信在短短几年里就拥有了 10 多亿人的用户量，各家互联网企业的用户增长也将很快见顶，但这只是互联网行业发展的开始，大部分产品还未盈利。互联网行业讲究先拉拢用户后谈盈利，这种模式在早期造就了腾讯和阿里巴巴，后被其他互联网企业所效仿。但这种模式的前提是需要有好的产品，产品自身可以留住用户，为用户带来价值及良好的生活体验，可这一点常常被某些互联网企业忽略。某互联网金融企业曾斥资几十亿元收拢了一亿多人的用户量，但因为产品本身不够成熟造成 3 年后只剩下几万人的用户在使用，平均每个用户的维护成本高达十万多元，企业怎么能通过这些用户赚回那么多的成本呢？更别谈盈利了。所以在互联网这样的环境下，用户量增长只是行业的开始，如何留住用户才是行业的核心，而留住用户需要的就是体验。

另外，很重要的一点是互联网企业存在很大的竞争，而有竞争才有体验和设计。在产品供不应求的阶段，仅有一家或少数几家企业独占市场，企业在市场中占有绝对的主导权，用户没得选择，该市场阶段被称为“卖方市场”。这个市场阶段的产品无须太在乎体验设计，能用就行。回想一下之前的传统行业，很多都是这种情况，如小区附近只有一家超市，无论产品价格贵不贵、质量好不好，我们只能选择这一家，不然我们就得去几千米之外的超市购买，成本太高，而且几千米之外的超市的产品也不见得会有多好。随着时代的发展，行业与技术逐渐成熟，产品开始泛滥，行业出现了众多企业竞争的场面，这个时期选择权就从企业转到了用户手里，该市场阶段被称为“买方市场”。任何成熟的行业都会从“卖方市场”转变为“买方市场”，这也是社会的一个良性的发展过程。用户的选择权变大，也就意味着用户在任何时候都可能更换其他产品为自己服务，同时互联网行业又是先免费后付费的盈利模式，更换产品对于用户来讲几乎没有成本。用户有了选择，产品也就有了体验。

1.4.2 重要，但未被重视的设计

互联网行业所处的时代、行业的市场特点和产品之间的竞争情况决定了该行业体验设计的重要性。如果按照此逻辑解释，那么设计将会成为互联网行业中重要的探索方向，而这方面的探索应该是由设计师来负责完成的。但奇怪的是，既然设计在互联网行业中这么重要，为什么还有很多互联网企业的设计师并没有被视为企业的核心，而且以设计为驱动的项目更是少之又少呢？

确实，回顾一下我们过去所处的互联网设计行业，在之前很长一段时间内互联网的设计问题未被重视，可以说设计的重要性在一定程度上低于基础功能。但这种现象与设计的重要性相互矛盾，其产生主要有两点暂时性的原因，随着互联网基础设施的完善，这种现象将逐渐消失。

第一个原因是受互联网行业所处阶段的影响。如前文所提到的“从无到有，从有到优”的规律同样发生在互联网行业之中，如果从互联网行业发展的维度来看，那么它自身的发展也遵循着这样的规律。曾经，我们的互联网行业整体也处于“从无到有”的阶段，各种基于互联网场景下的用户诉求不断地被发掘于该阶段，进而刺激该行业下各种类型产品的诞生。而该阶段对于用户而言最主要的就是满足基本诉求，换句话说，也就是设计满足基本功能就足够了，其他的不太需要考虑。但逐渐地，互联网行业由“从无到有”过渡到“从有到优”的阶段，随着用户对产品体验的诉求不断提高，人们慢慢开始在乎产品的情感与细节的设计了，所以到这个阶段仅做到设计满足基本功能已经远远不够了。同时，只能达到这个程度的设计也将逐渐被时代淘汰。

第二个原因是当前设计的好坏无法拉开差距。互联网设计师是伴随互联网行业而生的新兴职位，行业本身的诞生时间较短，大家的起跑线基本相同，所以设计师的水平相对来说比较相近，设计方案的产出差别也不是很大。在这种环境下，企业的关注点也就不会聚焦在设计上面了。尤其在互联网发展初期，这种现象非常明显，当时的企业对设计师的筛选标准非常低，设计师不需要具备基础知识，只要经过简单的培训即可参加工作。如果是科班出身，那就算是优质人才；如果外加大公司的从业经验，那就是稀缺人才。但是在今后，这些“好日子”将一去不返，随着时间的沉淀，互联网设计师的水平将逐渐拉开差距，好的设计和不好的设计也将越来越清晰。因为差异明显，互联网企业对设计好坏的关注度将随之提高，互联网的设计标准也将因此更上一个层次。

所以，伴随以上两个问题的逐渐解决，互联网企业对设计的重视程度将会大幅提升，直至“以设计为核心”的时代即将来临。如果仔细观察，我们不难发现这个势头已经在缓缓前进了，曾经不重视设计的企业已经开始慢慢地重视设计部门的存在，很多企业的设计部门也已经开始自主驱动项目，寻求创新。同时，成为体验设计师的门槛也在逐渐升高，各类产品的设计也已经变得相对成熟。但这些距离“以设计为核心”的目标还差很远，互联网设计行业的发展还在途中，未来设计在企业中的重要性还会持续提升，而作为变革中的关键因素——互联网设计师，则需要迎接更多的挑战与肩负更多的责任。

1.4.3 设计的挑战与未来

做好设计是非常有挑战性的。每当有幸可以面试一些经验十足的设计师时，到面试的最后环节，我都会抽出一点儿时间与面试者探讨“什么才是好的设计”这个话题。这是一个开放式话题，每位设计师对“好的设计”的衡量标准或许都不一样，但这恰恰能反映一位设计师自己的未来走向及当前思想所处的阶段，这也是一位设计师经验沉淀与对行业洞察力的象征。其中，不乏会有一些工作经验丰富的面试者表达了“设计达到一定程度就合格了，而自己更倾向于对业务层面的发现或其他”这样的观点。我虽然认可每个人的发展方向，只要思路是清晰的，但这样的观点对于设计师来说是狭隘的，而且也是对自身专业观察不够深入的表现。

现在很多人把设计看得太简单了，当然也包括设计师本人，他们普遍认为好的设计只是为了外形美观，而自身的审美往往又被限于当下的流行趋势，所以就很容易造成“预见设计天花板”的假象，进而质疑行业的未来。外行人产生此想法可以理解，因为每个人对于自身不熟悉事物的看法往往都仅存于表象，但作为设计师如果也有同样的想法就是对自己行业缺乏深入思考的表现了。设计的价值不仅如此，未来设计将会成为互联网产品之间竞争的决定性因素，这对于设计师来说或许是非常困难的或者说是不舒适的，但也将让设计师充满成就感。

关于产品体验设计的发展与重要性一直讲到了现在，因为我觉得它非常重要，作为设计师应该对自己的行业有更深入的了解与洞察，只有了解了它背后的历史及含义，才能真正地认识它、做好它并对它进行优化，也只有这样才能真正地规划好自己在设计行业中的发展，不被他人带乱自身的成长节奏。

第2章

体验设计思维

2.1　互联网产品的体验设计问题

2.1.1　不算问题的大问题

“我们所设计的产品到底出现了什么问题？”这是每位设计师在尝试优化产品时需要思考的第一个问题，但真正能挖掘设计中的隐性问题并不是一件简单的事情。曾经有人做过这样一项实验：让人们描述他们在屋里所看到的物品，很多人会把地板、天花板、墙壁、窗户等遗漏掉，他们没有列出这些物品，是因为这些东西过于亲近，甚至已经和生活融为一体了。太亲近，就很难被发现。在设计中也是一样的，设计师很难发现产品设计方面的问题，尤其是对于我们已经服务了很久的产品来说，但事实上往往是人们越亲近的事物，其优化后所带来的价值越大。

相比于硬件产品，互联网产品要复杂得多，体现在其功能众多的逻辑关系及无穷无尽的层级方面，或许还有设计师“不巧妙的创新”。

没有人在第一次使用某一款 App 时，就可以熟练地掌握它的所有功能，甚至对于我们每天都在使用的某一款 App，我们也不能保证可以熟练地掌握它的所有功能。这些产品每新增一个功能都需要我们用时间来学习它、熟悉它，而作为一个普通用户，缺乏的是学习的时间，或者也可以说是缺乏足够的动机去花时间学习它。所以，这一点造成了很多新功能“夭折”或存在于产品的某个角落，而这些功能一旦出现在产品中，再去掉就是一件很难的事情了。这些无用且无法去掉的功能也变相地增加了产品的复杂度。

很多设计师为了避免出现用户不会使用新功能而带来的新功能使用率低，以及内部由此引发的方案争议等问题，他们达成了一个共识：为新功能增加“新手引导”。用户在使用新功能前，先教他们怎么使用，他们会使用了，也就不会出现上述问题了。之后，“新手引导”仿佛成了解决产品不好用的一剂良药，设计师在遇到产品可用性问题时不再去思考如何让功能更好用，而是增加一个“新手引导”，理由是“只要用户学会了，这些就都不是问题了”。可是，“新手引导”真的就能解决产品可用性问题吗？虽然逻辑听上去合情合理，但这里面忽略了“大部分用户并不会在不需要此功能的时候细心阅读‘新手引导’”这个重要因素，大部分的“新手引导”都会被用户有意或无意地快速关掉。所以，这只不过是设计师自欺欺人的行为罢了。

当然，“新手引导”如今在一些成熟的设计团队已经被抵制了，但这并不妨碍还有很多团队在试图用它来解决问题。

我曾有过这样一次经历，某产品上新了一个功能，但用户似乎对这个功能不太感兴趣，使用率很低。我们想对此问题进行优化尝试，结合线上的用户反馈，我们内部很快就锁定了问题，就是“这个功能对于用户来说，理解成本太大了，大多数用户不太清楚可以用它来做什么，也不知道如何使用它”。业务方很快就提供了一个方案，就是为该功能增加“新手引导”。这样做并不合理，但我当时没有证据证明它不合理，所以请求对此功能进行数据埋点，查看用户两秒内关掉该引导弹窗的点击率（原因是在正常情况下人们两秒内无法读完此功能的引导文案，所以两秒内关掉引导弹窗基本可以被视为用户不能获取有效引导）。此“新手引导”上线一段时间后，其数据结果显示，在两秒内关闭引导弹窗的用户人数占打开该功能总人数的近 73%，也就是说有近四分之三的用户没有通过“新手引导”获取到有效的信息，而增加了“新手引导”后该功能的使用率也仅仅有微乎其微的提升，“不理解、不会用”相关的反馈也并没有明显减少。这也就意味着另外四分之一的用户，其中有很大一部分或许也没有因为阅读此“新手引导”而学会了使用该功能。我想这足以说明该“新手引导”的“不靠谱”了吧？当然，数据是具有针对性的，该数据并不一定能够说明所有场景下的“新手引导”都是这样“不靠谱”的，但它对我们今后的设计仍会起到一定的指导性作用。

不可否认，有些产品确实需要“新手引导”来辅助用户更快地学习使用，而且它还可以帮助用户处理其遇到的紧急情况。有些产品或许还需要一本很厚的说明书或教程，如专职人员使用的高阶工具。但一款大众化的产品不应该依赖“新手引导”或教程来弥补其可用性的不足，互联网产品的复杂所造成的难用、难懂是一个设计难题，“新手引导”这种“小聪明”办法是无法解决的。从另一个层面来看，当我们的产品只能通过“新手引导”来“解决”它的可用性问题时，其实说明我们的设计已经出现了问题。

再说“新手引导”本身的问题，过多的“新手引导”已经在用户使用产品的过程中造成了一定的干扰，如前面所讲的“在两秒内关闭引导弹窗”，这个“新手引导”对于用户来讲就是干扰元素，我仿佛能感受到他们在快速关闭一个个弹窗时的厌烦。这些干扰用户的“新手引导”在互联网产品中已被滥用成灾，首次打开某个 App 会有“新手引导”；某个功能的可用性没能在设计阶段解决好会增加一个“新手引导”；怕用户不去使用某个功能而影响绩效也会增加一个“新手引导”。到最后发现弱的“新手引导”不太起作用了，就换成一个强引导，必须点击“我知道了”才能继续使用产品。这种现象被称为“行业的恶性循环”。

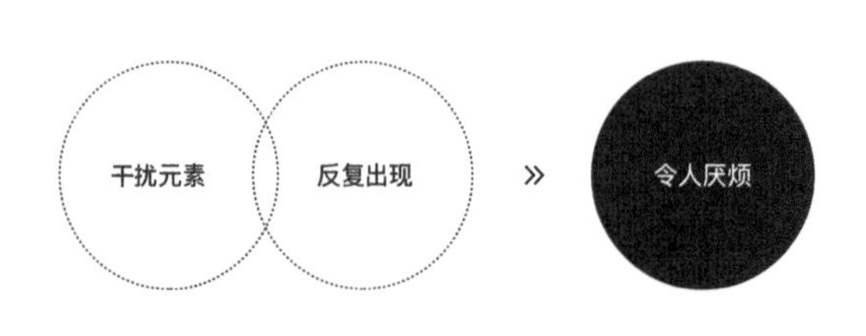

真正做到站在用户的视角去设计是一件很有挑战性的任务，因为用户在使用产品的过程中，多数会受当下的情感影响，而情感又是一套极其复杂的系统，只通过一两次的用户调研或单纯地用逻辑来分析往往都无法做到了解用户。设计师对此也很为难，我们是想要去深入了解用户的，但互联网发展的节奏太快了，并没有给我们留太多的时间让我们去了解我们的用户。不得不说现实确实是这样的，但奇怪的是，行业没有给设计师留太多的时间让他们去了解用户，却给了设计师大量的时间让他们去了解竞品。曾有设计师甚至写出了一百多页的 PPT 来分析竞品某次改版的优势，当做足了前期工作准备按竞品思路执行的时候，却发现竞品已经悄悄地把方案改了回去。可怜的设计师恐怕又要再写一百多页的 PPT 来分析竞品为何又改回原来的版本了。

在设计环节中，竞品分析（也称为功能调研）是被业内公认的重要环节。竞品分析，简单来说就是查看其他竞品是如何设计该功能的。竞品分析有两个利己的点：一是避免自己闭门造车，可以提前预料问题所在；二是可以参考他人的研究成果，为自己的产品缩短设计时间。我们暂先抛开其中存在的道德问题不说，只看其本身的问题。盲目地依赖竞品分析，往往无法做到符合产品自身用户需求的设计，甚至会带来严重的问题。就拿前面所提到的“新手引导”问题来说，或许在某个产品的某种情况下它真的起到过很大的作用，但这并不代表它适用于任何产品的任何情况。

设计师过度依赖竞品分析所导致的产品同质化已经是大家都可以看到的问题了，有的产品外观看上去差不多，使用功能也差不多，不仔细看根本分辨不出彼此，更别说让用户通过设计感受其产品的亮点了，同类型的产品更是相似度高达 90% 以上。但实际上，每个产品都应该有自己的用户及产品特点，那么怎么能看上去都差不多呢？这虽然是非常明显的问题，但并没有引起设计师的注意，其原因无非是“其他产品都是这么做的，所以我们这么做也没有问题”，但“别人都是这么做的，我们再这么做”本身或许就是一个问题。在很大程度上这就是设计师过度依赖竞品分析所产生的结果，我并非排斥竞品分析这个环节，而是认为在竞品分析的过程中，我们必须深入了解竞品设计的用意、自身产品与竞品的差异点及如何结合自身产品产生新的创意。只有这样，才能做出更符合自身产品的设计。另外，从道德层面来看，我们也必须做出区别于竞品的设计，因为过度的参考在一定程度上就是窃取他人的劳动成果。

在他人看来，设计师就是“像素眼”“细节控”，还伴有强迫症，而在我看来这是人们对设计师的褒奖，因为这些话的言外之意是设计师能够捕捉到常人看不到的细节，但这一点目前在很多产品设计中并没有体现出来。我们是否曾在使用某个产品时对某个按钮频繁误操作过，而想要点击的按钮却每次都很费劲才能点击到；或者在使用时曾忽略过某一环节中看似很弱的信息，而造成了严重的后果；抑或者根本不知道某个区域到底可不可以点击。作为一个用户来说，或许我们已经不太记得自己曾经有过这种挫败的体验了，因为我们所使用的产品或多或少都会存在这些小问题，所以我们对产品使用体验的容忍度也就逐渐提高了。例如，那些显示在屏幕右上角的“完成”按钮在大屏手机上很难触碰；有些购票产品把“不可退票”的字样放到了层级特别深的地方，用户很难看到；用户反复点击某列表后才发现原来这并不是一个可点击的列表等。这些细节问题我们已经习惯到不觉得算是问题了，产品只要不出现一些严重的错误，我们都能接受，少许的不爽在使用之后也都会慢慢忘记。

也正因如此，这些细节问题在一些产品设计师看来都不算什么问题，也并不会花费太多精力在上面。功能都有了，位置在哪里又有什么关系呢？用户只要稍微思考或使用一次不就知道了吗？没错，有些功能看似很简单，或许一般人只要稍微思考后都能理解，但设计服务的是一个群体，这个群体中只要有一部分用户没有理解，问题就会暴露出来，哪怕只是一小部分用户遇到了问题，这些问题也会显得很严重。记住，当同一个问题被两个以上的人遇到时，我们就应该正视这个问题了，不论我们自己觉得问题是多还是少。这类问题如果只是少量存在，用户或许不会太在意，但是有谁又能保证自己在设计上只存在少量的小问题呢？这些细碎的小问题汇集在一起，就变多了，那些难用的、令人烦躁的产品很多都是由过多的小问题汇集所造成的。这些细节问题解决起来并不复杂，但能洞察到这些细节问题需要设计师花费一些心思，而对这些细节问题的洞察力也代表着设计师的专业程度。

“新手引导”的产生、产品同质化、难以捉摸的按钮位置，前面所提到的这些到底算不算是问题？现在，一定有很多设计师在质疑，因为这里面有一些观点和我们之前的工作经验相悖。曾经，我们强调产品不要和其他产品在设计上差别太大，因为用户会有学习成本，考虑不周全还会有相应的风险，设计风格要讲究跟着趋势走，这样才不会被趋势淘汰。这种思路适合产品设计的初期阶段，已经过了初期阶段，这种思路就存在问题了。

一些设计师会把自己使用过几次且看似没有问题的思路当成真理，当遇到上述问题时，他们或许会说“这些根本算不上什么问题，好多产品都是这样做的，用户也早已习惯了”，或许他们还会补充一句“做用户习惯的设计不就是达到了设计的目的了吗？现在这些已经是用户习以为常的设计了，这不正是我们的目标吗”。不可否认，用户无论如何都会慢慢适应环境并习惯其中，哪怕是比较糟糕的环境，这在一定程度上是用户无奈的妥协。用户的习惯是设计师需要考虑的维度，但其不是衡量设计好坏的标准。如果设计师没能让自己的设计正向发展，而是依赖用户慢慢习惯，那么这些小问题一定会在自己的设计中日益增多。当问题积攒到一定的程度时，用户忍无可忍就会爆发出来，这个时候再想着手优化自己的设计，会变得无比困难，更无从下手，因为设计师也习惯了这个环境。

2.1.2 洞察问题的 4 个途径

前面讲到的“新手引导”的产生、产品同质化、难以捉摸的按钮位置问题反映了互联网产品设计中的 3 类体验问题：难用、缺乏感情、粗糙，我们平时所做的设计优化主要就是为了解决这 3 类问题。这 3 类问题属于产品中相对宽泛的体验问题，所以可能很难对其中任何一个问题直接进行优化。如果想解决某一类问题，那么就必须先找到该类问题下所对应的多个子问题，再逐步对这些子问题进行优化，进而作用于“难用、缺乏情感和粗糙”这类问题之上。

我们在使用产品的过程中所遇到的各类问题都与产品的设计密切相关，更确切地说是与产品的设计师相关。我曾与很多设计师朋友有过交流，在他们当中，没有一个人是不期望做出更让用户满意的设计的，他们都乐于收集用户反馈的问题，并期望自己的设计被人喜欢，那为什么我们使用的产品还有这么多的问题呢？当与这些朋友就工作中的项目进行深入沟通时才发现他们的苦恼，每位设计师对于自己的产品都总结了很多的问题及看法，可苦于方案无法落地进入用户的视线。当然，这些方案中有些是受到了客观因素的影响，如沟通与合作技巧、开发难度、项目时间紧张等因素。但除了这些因素，仍有很多是设计师自身看待问题不全面造成的方案不成熟。片面的问题多数会存在方向上的偏差，以此推导出的设计方案自然难以说服团队。所以，只聆听某些用户的反馈显然是不够的，甚至会让设计方向陷入死胡同。

那么，如何才能精准且全方位地定位问题并真正发现产品设计中的这些体验缺失呢？在这里，我想引入洞察问题的 4 个途径：数据分析、用户反馈、用户调研、体验洞察。

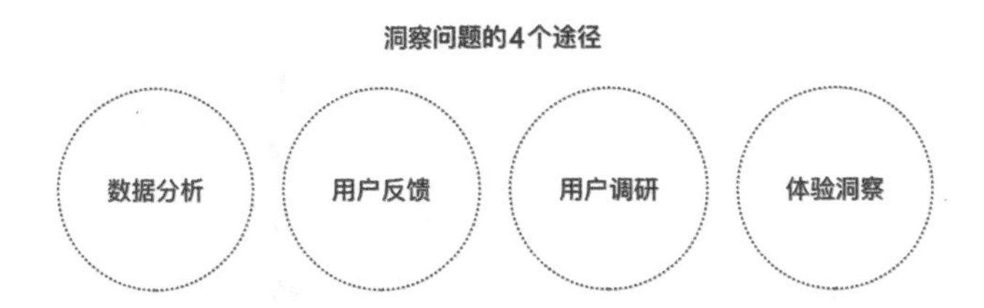

1. 数据分析

产品的数据能宏观地反映用户一段时间内的使用情况，这也是判断问题较客观的依据。在众多的数据当中，每条数据背后都隐藏着一个用户诉求，而该数据的升高与降低在一定程度上就反映着用户诉求的满足与否，只有想明白了两者的连接关系，数据才有实际的参考意义，也就是说，要用数据发现问题，就一定要弄清楚隐藏在该数据下的用户诉求是什么。

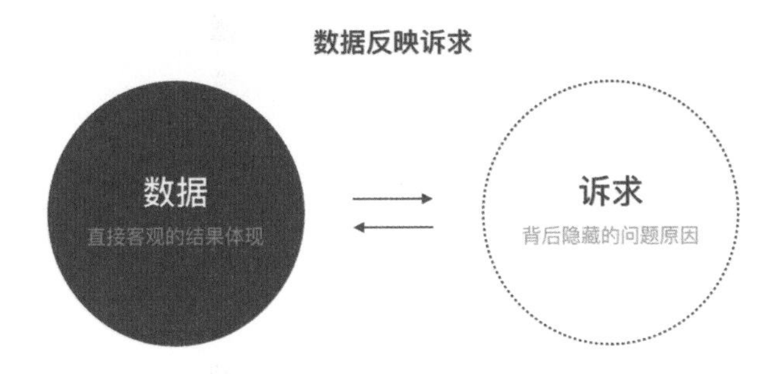

提到数据，我们往往会联想到产品的日活跃人数、月活跃人数、用户量等，但现实中并不是所有的产品都需要把这些数据作为核心关注点的，如一款购物产品，商家应该关注的核心数据一定不会是用户的活跃度，大多会是成交率、退单率、复购率等，这背后隐藏着的用户诉求是找到合适的商品（成交率）、确

认商品真的合适（退单率）、确保平台值得信赖（复购率）。不同的产品都有自己的市场定位，用户在使用产品时的核心诉求也会有所不同。有些时候，随着产品的发展，用户诉求还会发生变化。明确产品当下的核心诉求和对应数据的关系是用数据发现问题的前提，其主要目的是让被发现的问题更贴近真实的用户诉求，也避免判断问题的角度偏离产品自身的发展方向。

成交率、退单率、复购率这些数据对于设计来说也略显宏观，所以它很难直接反映到某个功能设计的问题上。若要找到这些设计问题，就必须先对这个宏观的数据进行再次拆解，直至数据可以对应到每个功能设计之上。例如，一款购物产品上的每件商品成交都是由多个环节组成的，找到商品→查看商品→确认信息→完成交易，这些都是决定商品成交的关键环节，哪个环节下的设计疏忽了就会在一定程度上导致商品成交失败。为了初步判断当前的核心问题所处的环节，我们需要利用数据的漏斗模型找到用户处于哪个环节下的流失率较高，如用户“打开应用”（占比为 100%）→“找到商品”（商品详情点击率为 76%）→“查看商品”（购买点击率为 26%）→“确认信息”（提交付款点击率为 18%）→“完成交易”（占比为 17%）（见下图）。通过以上数据，我们大致可以判断该产品目前在用户“查看商品”环节可优化空间较大。当然，除了核心入口的点击率，用户浏览商品数、商品详情跳出率都是决定商品成交的关键数据，用户平均浏览商品数过高或过低都不利于商品成交，过高意味着用户检索商品效率偏低，过低则意味着商品缺乏吸引力。

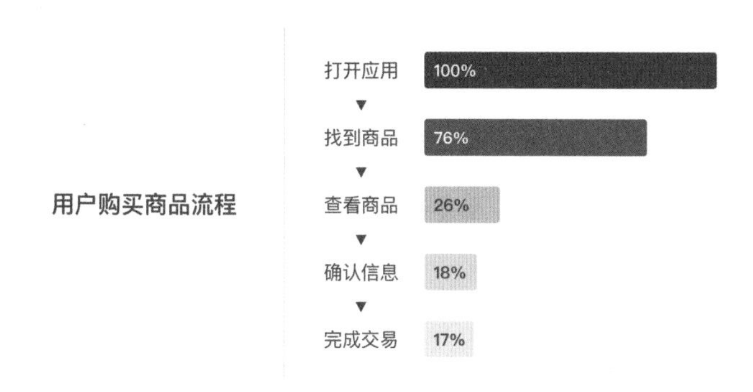

以上这些都是产品中比较完整的数据案例，我们再来看一下比较细节的数据案例。

我们曾在一个产品功能迭代中做过这样一个优化。由于该区域新增一个功能入口，对应空间又有限，我们认为两个功能的点击区域过小，可能造成用户无法精准选中单个功能，所以挪动了原有功能的位置。这次看似微小的改动让原功能长久不变的点击率上涨了 40% 多，请问：这是一件好事还是一件坏事？那么，让我们结合数据与诉求的对应关系来分析一下，这块位置的调整更满足用户使用这个功能的诉求了吗？看似不太可能。所以，初步可以判断该数据提升并不是一件好事。那么，是什么原因引起了数据波动呢？经过深入调研后发现，由于位置调整的原因，很多用户把该功能误认为是输入框的“发送”按钮了，进而造成了一系列的误操作，这才引起了数据波动。

改版前　　改版后

数据只能反馈结果，却无法反馈造成该结果的具体问题与诉求。同时，同一组数据可能由多种问题造成，多组数据也可能只由一个问题造成，为了更精准、更全面地了解问题所在，具体的问题和诉求最好结合用户的反馈及专业人员的洞察得出并验证。值得一提的是，数据能以各种形态展示在我们面前是技术进步的结果，但当前也容易因各种技术问题造成数据不准，所以当我们遇到数据波动时，最好先不要像“哥伦布发现新大陆”一样兴奋，急于思考设计方案，第一步应该是复查数据的真实性，避免不必要的工作。但我认为这并不是一个永久的现象，在不久的将来，这个问题一定会得到解决。

2. 用户反馈

互联网产品使用量较大，为解决用户在使用中遇到的问题及困惑，产品都会设定用户反馈系统。用户反馈系统包括客服记录、应用内意见反馈、报障等，它既是帮助用户解决问题的工具，又是产品获取用户使用情况的平台。产品投入市场时间长了会积累大量的用户反馈信息，这里面包括用户使用产品时的困惑与技术 Bug 等问题。

一个相对成熟的产品其用户反馈量是巨大的，可能每周都会产生 10 万余条反馈记录，设计师根本无法全部处理所有反馈记录。有跟进过用户反馈的设计师一定深有体会，这些反馈中大多数的问题其实和设计没有直接的关系，为了能够高效地检索到我们需要的信息及更好地解决用户在使用中遇到的问题，设计师在设计用户反馈功能时就必须建立问题分类板块。问题分类板块需根据产品的实际情况进行规划，可以分为功能板块、问题类型、具体问题，也可以分为问题类型、功能板块、具体问题，其中“问题类型”中应包含产品的使用问题与建议，而这个分类下的反馈是设计师应着重关注的。若想再对问题细化，还可以针对“具体问题”进行分类，直至颗粒度最小的问题。越细致的分类越便于后续对用户问题进行管理，但对于反馈问题不算太多的产品来讲，这也并不是必须去做的。分类方法还有很多，只要能方便对后续问题进行管理即可。

引导用户分类填写反馈（分类方式非固定不变）

同时，我们也可以单独对需要用户反馈的内容设定引导，进而更加高效地获取用户对该场景下的反馈。例如，内容消费类软件的“不感兴趣”，打车或外卖软件每完成一单的评价系统都是针对单独内容设定反馈引导的案例。这样的案例还有很多，它可以将大量的用户反馈以数据的形式反馈给我们，以便于后续对反馈问题进行分析与优化。

脉脉的“不感兴趣”

滴滴出行的“评价”

用户反馈相比于纯粹的数据，在问题上有一定的细化，可以借此了解用户亲自阐述的问题，但由于反馈量较大，反馈的问题还会存在相悖之处，所以是无法通过某些用户的反馈来直接判断某个设计方向的，必须权衡同类问题的反馈人数，这在一定程度上就变成了另一种类型的数据分析了，即通过用户反馈发现问题其实也可以算是某种意义上的数据分析了。

3. 用户调研

数据分析与用户反馈在一定程度上均属于“通过结果推导问题”，获得信息的方式为用户单方面反馈，设计师缺少与用户之间的递进交流，无法深入了解用户传达消息背后的心理感受及心理预期。当然，设计师也可以通过用户反馈的 ID，对此问题主动进行深入的沟通，若触发了此次沟通，在一定程度上就由用户反馈演变成用户调研了。

用户调研是指调研者主动以不同的方式向用户咨询不同的建议和意见并汇总研究。相比于数据分析与用户反馈，用户调研可以更明确地了解用户在使用产品时的困扰及他们的心理预期等。通过用户调研得出具有参考意义的结论并不是一件简单的事情，为了能做到这一点，一些相对成熟的产品会组建用户研究团队，专注于此的研究员可以更全面、精准地为产品提供有效的调研结果，但一次完整的用户调研需要消耗较大的人力和时间成本，所以很难在产品上做到每处细节都有用户研究团队介入。即便如此，可以借助专职的用户研究团队发现问题对于设计师来说已然算是幸运的了，因为现实中大部分公司并没有设立该团队，基于这种现状，就必须由设计师自己发起调研了。

在调研过程中有很多因素可能造成这次调研变成“竹篮打水一场空”。为了能得到一个较为客观的结果，在开始调研前我们必须明确我们的调研目标，毫无目的的闲聊极易让调研走偏方向，影响沟通效率甚至不能得到有效的结果。同时，我们还需要精准筛选此次调研的用户类型，不同的调研目标适合与不同类型的用户进行沟通。比如，想验证一个已上线的功能是否存在使用效率问题，那么调研对象必须是经常使用此功能的用户；若想调研一个新功能是否易于理解，那调研对象最好是从未见过该功能的新用户。如果调研对象出现偏差，整个调研结果往往就没有那么大的参考价值了，甚至会误导我们对目标用户心理和行为的理解。另外，一个较大的调研目标往往无法直接得到答案，那么需要把该目标拆解成多个问题或话题。在每个问题或话题下，用户的回答要对应着一个结果，而所对应的这个结果，都应作用于整体的调研目标。这里值得注意的是用户并非专业人员，过于细致的问题及那些专业词汇在用户看来可能并不敏感，若想达到有效的沟通，就必须把问题说得足够明显及通俗易懂。

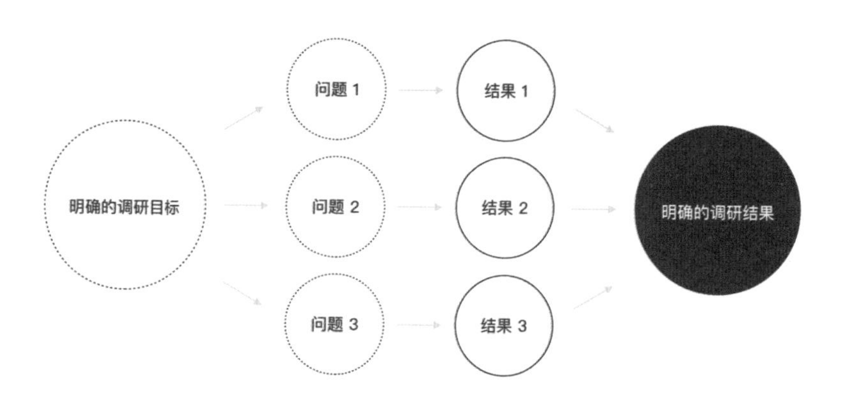

用户调研的根本目的是发现用户的真实诉求并应用于设计师的设计，也只有应用于设计，才能进一步验证其调研结果的准确性。不过，调研结果确实可以为我们的设计提供一个参考，但这并不意味着调研结果就一定要体现在设计之中，还需要结合自身产品的优势、公司当前的阶段及设计的整体性等进行分析，最终得出一个最优方案。

4. 体验洞察

一次完整的用户调研至少要花一个月的时间才能得到结果，并且用户研究团队在公司一般又为公共资源，这样的现状已经无法做到每次设计都在进行用户调研后再做决策了。另外，也并非所有问题都能通过用户调研获得结果，如那些用户“看不到”的细节，它们虽然是决定用户整体使用感受的重要因素，但单独来看用户无法发现它们。

发现此类细节问题需要设计师对产品体验有很强的洞察能力。体验洞察是指设计师直接体验产品的某个环节，并通过自己的专业能力发现其中的问题和诉求。相比于上述 3 类发现问题的途径，体验洞察更为直接、便捷，甚至不需要借助任何外力，靠设计师自己就可以完成了。它虽然看似简单，但在实际执行中的阻力往往要大于前 3 类发现问题的途径。

通过体验洞察发现问题的最大阻力源于设计师自身视角的特殊性和观察问题的精细度。设计师容易陷入自己的专业当中（其实所有职业的从业者都会这样），在体验产品时过度以自身视角观望产品，就很难以正常用户的视角来看待产品中的问题了。在现实中，正常用户在使用产品时的关注点与设计师观测自己作品时的关注点往往存在偏差。另外，设计师与正常用户的年龄、所处环境、接触事物的差异都会对某个问题的判断造成一定程度的影响。所以，设计师捕捉到的问题无法对应正常用户的真实诉求是很常见的事。还有很重要的一点是，设计师必须能看到正常用户看不到的细节问题，这也是设计师自身专业程度的一种体现；如果设计师只能看到他人都可以看到的问题，那一般情况下，设计师在观察环节往往就找不到任何问题了。

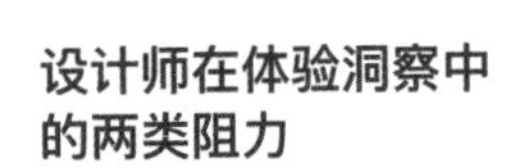

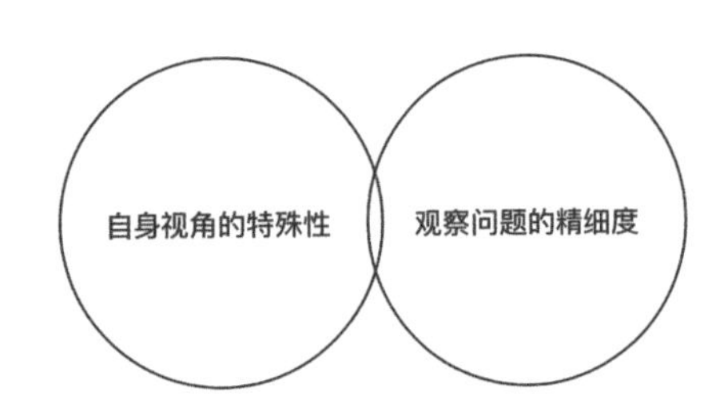

如果能站在用户视角并发现他们察觉不到的问题，体验洞察就已经见效了。这句话虽然说起来容易，但真正做到这一点需要设计师长期的经验积累。当然，这本书的目的也是在探讨这个问题。

做好体验洞察并以此优化的设计可以给用户出其不意的惊喜，但因为其方法偏于主观的性质，缺少判断问题的依据，也会带来一定的执行风险，所以它所带来的内部争议往往也相对较大。

综合运用以上 4 个发现问题的途径可以较全面地发现当前产品存在的体验问题。还记得我们在这一章开头所讲的互联网产品体验的 3 类问题吗？“难用、缺乏情感和粗糙”，这 3 类问题分别适用于以上不同的途径。

首先，“难用”的问题一般体现为用户在使用产品过程中的某个操作环节上，进而表现为某个数据的变化，所以其问题比较易于通过数据推导得出。但如前面所讲，数据又仅能作为一项参考结果，其并不能明确说明对应功能的具体问题与诉求，若要进一步了解这个问题，又必须结合相关用户反馈及自身的洞察综合分析。其次，“缺乏情感”的问题则往往无法直接体现在数据上，其主要源于用户在使用产品过程中的心理感受，若要深入地了解这些感受，则需要通过用户调研获取，必要时还需要结合相应的用户反馈与体验洞察。最后，“粗糙”的问题由于其颗粒度过细，用户在一般情况下并不会直接察觉到，这个时候，用户调研的作用往往就没有体验洞察那么奏效了，所以该类问题更依赖于设计师自身去发现与解决。

若要更客观、高效地发现问题，则以上基础建设必须完善，但现实中的大部分企业往往还没有做到这一点，在数据不全、用户反馈系统不完善、缺少用户调研环节的情况下，优化就只能依赖于设计师的体验洞察了，而体验洞察的方法又并不适合定位以上所有类型的问题，这也是造成设计师捕捉到的体验问题不够全面的关键因素。另外，企业中的每个部门都有自己的职责，业务方期望能在产品中获得最大的业务收益，工程师则期望降低开发成本、减少项目周期或后续 Bug 带来的风险。每个部门所担忧的事情都合情合理，设计师也必须兼顾这些担忧，如此才能让一个好的产品上线。

2.1.3 顾此失彼的设计师

我们生活中所使用的很多产品其设计处于失衡状态，有些产品为了视觉上的简约，把产品简化到非常难用的地步；而有些产品变得越来越复杂。我曾花费近半个小时在一款音乐应用中寻找刚下载完成的歌曲，先从“音乐模块”翻到“个人中心”再翻回“音乐模块”，最后发现该产品的本地歌曲原来被整合到了“音乐类型”的菜单下面。这毫无逻辑的整合，虽然看上去简约（只有一种菜单的形式），但在关键时刻浪费了我很多时间，真是叫人爱恨不得。

好的体验需要结合多种因素综合考虑，设计中必须权衡这些因素，才能让一款协调的产品为大家所用，若只强调其中一种，而忽略了其他方面，设计就会出现问题。

设计师无法权衡设计问题的原因有 3 点：第一，设计行业似乎总是首要关注视觉效果，而不太在乎用户使用中的问题；第二，设计师往往不是产品的实际用户，所以很难对用户遇到的问题感同身受；第三，设计师所服务公司的诉求脱离实际，与用户的实际诉求产生了矛盾，如公司期望用户付费，而用户不期望付费等。

1. 视觉效果与可用性

设计师往往无法权衡产品的视觉效果与可用性，这种现象或许在实际项目落地中表现得并不明显，但如果只看设计师独立完成的项目，这种现象就会极易表现出来。以设计师设计的作品集为例，就能比较清楚地看到该现象（因为作品集多为设计师独立完成，很少经过他人把控）。

作品集是设计师面试环节中的重要部分，一份漂亮的作品集会让其在众多面试者中脱颖而出，有的设计师甚至称“如果你有一份漂亮的作品集，那么你的面试就已经成功了一半”。但一份漂亮的作品集真的有那么重要吗？有些设计师为了作品集本身的视觉效果，在其中增加了大量的透视效果图，虽然作品集被渲染得很有视觉冲击力，但作品本身很难让人看清细节。下图为类似模板。

如果我们把设计师的作品集当作一个项目来看，那么该项目的首要目的应该是阐述清楚设计思路与结果，以便招聘人员快速了解这位设计师与该职位是否匹配。其视觉表现虽然重要，但不应该被过度地关注，更不应该以牺牲其自身可用性为代价。

作品集的视觉效果会被如此关注，其很大一部分因素是互联网设计行业的浮躁面试环节。面试者往往来自不同的行业，招聘人员根本无法快速了解对方的这些阅历，只看图，不读字，这样便会轻松很多。所以，一份简约、漂亮的作品集就可以快速捕获他们的好感。长期如此，设计师也就更加聚焦于作品集本身的视觉表现了。曾有朋友尝试着拿两份相同内容但版式不同的作品集去投递简历，结果也确实验证了这一点，投递视觉效果好的那份作品集后收到面试的概率要明显高于另一份。

除此之外，它还受到目标用户的影响，作品集的目标用户大多也是设计师，如果设计师很重视作品集的视觉表现，而面试者却没有把所有心思都放在这一块的话，就会大大降低面试成功的概率，前面的案例也恰恰说明了这一点。一些招聘人员把作品集本身的视觉表现与面试者的工作能力进行绑定，他们坚信“设计师必须把作品集做得漂亮，才能把工作中的项目也做得漂亮”。但在实际的设计工作中，想让一个产品更漂亮并非单独由视觉所决定。一个产品上线需要很复杂的流程，设计师不能根据视觉表现而随意修改或删减某些功能，甚至有些效果还必须考虑到实现成本等问题。因为两者的设计过程存在差异，所以很多设计师虽然可以把作品集做得很漂亮，但这并不能说明实际工作中的项目其也能出色地完成；同理，有些设计师可以把实际工作中的项目出色完成的优势也并非一定就能在作品集上完全体现。

不过话虽如此，但这也并不意味着作品集就应该完全不顾及视觉效果，一些设计师把作品集做成了文档格式并附加了几个作品附件，这样的作品集明显地影响了审核效率，同时，在大量漂亮作品集的竞争中，也很难给招聘人员留下一个好的印象。如果面试者的资历不够突出，这样的作品集甚至都不会被打开查看，而不被查看的作品集即使再优秀，在本次竞争中也会变得毫无意义。

所以，一个好的设计应该兼顾它自身的视觉效果与可用性，在我们实际项目中的设计也是如此。相比于作品集的设计，实际项目更为复杂。在工作中，因设计师过度关注视觉效果，造成已完成的作品被反复修改的案例非常常见。但不得不说，某些修改在一定程度上是有必要的，因为如果不做修改，则意味着这些可用性问题将全部留给用户。

2. 用户视角与过度依赖

大部分设计师在工作中可以发现视觉问题，但容易忽略产品可用性问题，是因为设计师并非产品的典型用户。在一个项目中，设计师经常会反复思考并对设计方案进行优化尝试，有些设计师在探索一处细节的设计时，甚至会尝试数十种方案。但即便如此，设计出来的产品仍会给用户带来很多问题，有些还可能是非常明显的问题。为什么如此“细心”的设计还会出现这么多的问题呢?

设计师在执行某个项目时其思路极易受到自身工作属性的影响，以至于无法做出正确的决策。而这些影响决策的思路往往是设计师意识不到的，正如《设计心理学》中所讲:

我们每个人都有一套日常心理学理论,专业人士称之为“通俗心理学”或“肤浅心理学”，这种心理学可能会让你的决策出现谬误。人类可以知道自己的有意识思维和信念，但却无法感知到自己的下意识思维。我们在进行有意识思维时，常常对行为作出某种合理的解释或是在某件事情发生后，作出各种推断。我们总喜欢把自己的解释和信念投射在别人的行为和信念上。但是专业设计人士应该认识到，人类的信念和行为非常复杂，单靠一个人很难发现所有的相关因素。要想了解真正用户的想法和行为,必须和他们交流,获得他们对设计的看法才行。

——唐纳德·诺曼《设计心理学》

设计师看待自己的产品与用户实际使用产品时存在较大的差异。我们无法预测用户使用产品时所遇到的问题，是因为我们对自己设计的产品过于熟悉。我们非常清楚各个功能的位置及它的作用，包括这些功能背后的目的，我们对所有的操作都了如指掌，也就感知不到其中的问题了。而用户在使用产品时并不了解这些，尤其是对那些初次使用产品的新用户来说，他们必须依靠功能的提示和自己的认知对该功能进行理解。如果用户的理解与功能实际的作用产生差异，就会出现问题。

所以，只有了解用户的使用情况，才能以用户的视角看待设计中的问题，而想了解这些情况，就必须与用户进行交流。这些交流最好可以在日常工作中完成并积累，如果到了项目执行阶段才开始着手与用户进行交流，那么很有可能因为项目时间过于仓促而造成无法获取有效的信息。同时，以用户的视角来看待问题并不意味着要完全按照用户的意见进行设计。用户提出的意见多为满足个人的当下需求，对设计的系统性问题往往不具备判断力。比如，我们在观测用户反馈时，一定会发现用户有很多天马行空的意见，如果把这些意见都融入产品，那么产品将变得非常复杂，而复杂、烦琐的设计对用户的使用又会造成伤害。

3. 商业诉求与用户诉求

资深的设计师通常能够意识到设计方案中的权衡问题。然而，生活中的大部分设计其实并不是由设计师决定的。业务方期望单个需求的利益可以最大化，如“要求设计师把 Logo 放大”就是一个典型的例子，“因为将 Logo 放到最大才能让人一眼看到我们的品牌，才能让它的作用最大化”，这是业务方最根本的想法。但如果产品没有让人耳目一新的内容，谁又会记住这个放大的 Logo 呢？这虽然是一个比较极端的例子，却是设计师与业务方反复辩论设计方案的根本原因。

我们的设计过程存在问题，问题在于商业诉求与用户诉求的失衡。这种问题或许比设计方案本身的问题更加严重，虽然互联网行业已经在一定程度上提高了用户诉求的分量，但在一些需求中，仍然会存在忽略用户诉求的情况。其实解决这种现状也很简单，就是业务方与设计师要能明确一点：商业诉求与用户诉求应该找到契合点后才能得出一个好的方案，一个用户自愿买单的方案。如此便能在一定程度上化解这种矛盾。也就是说，一个项目在制定目标时就应该先把目标用户的诉求考虑在内，而不是以商业诉求为基础来制定目标，再由设计师围绕该目标尽可能地优化其中的体验。不过打破这种现状或许也只有公司经历一次体验问题所带来的负面影响之后，才能深刻体会到用户诉求的重要性。

好的设计方案存在于商业诉求与用户诉求的契合点上

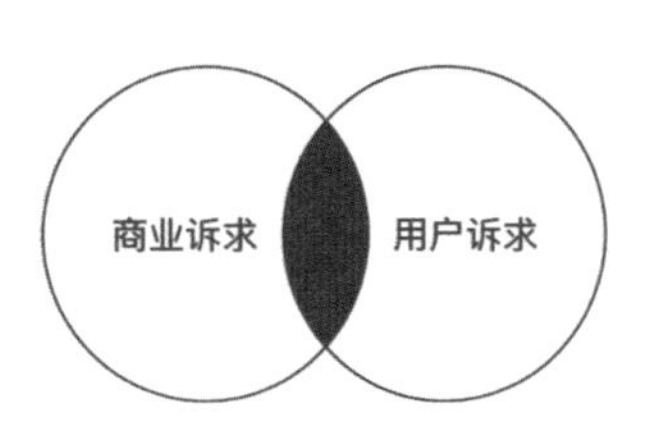

只有当商业诉求与用户诉求达到一个均衡值时，才能让产品达到当下最理想的状态。但这一点执行起来并不容易，必须找到两者的共同目标，才能让一款优秀的设计成功落地。在正常情况下，商业诉求与用户诉求是可以找到一个共同目标的。公司必然希望用户能够喜欢自己的产品，因为在互联网产品中，用户与盈利是相互绑定的，长期来看，也只有用户喜欢自己的产品了，公司才能完成最终的盈利目的。

2.2 体验设计的 3 个维度

如前面所提到的“难用、缺乏情感、粗糙”的问题源于体验设计的 3 个维度，即行为维度、情感维度、细节维度。行为维度是指设计中的可用性，这也是设计师当前非常关注的维度，它与用户的使用场景密切相关，再漂亮的设计如果非常难用，就会令人感到懊恼，如前面所提到的那款音乐应用一样；为人所用的产品必须关注情感维度的设计，情感维度主要考虑用户的心理层面，用户在使用产品时会受到心理因素的影响，这些心理因素甚至会决定用户的最终行为；细节维度是指设计的精细度，单独来看每处细节往往都是无关紧要的细碎点，但它存在于每一种使用场景当中，这些细节组成了一个非常重要的维度，一个好的设计必须有细节的考究，这也是设计专业程度的体现。

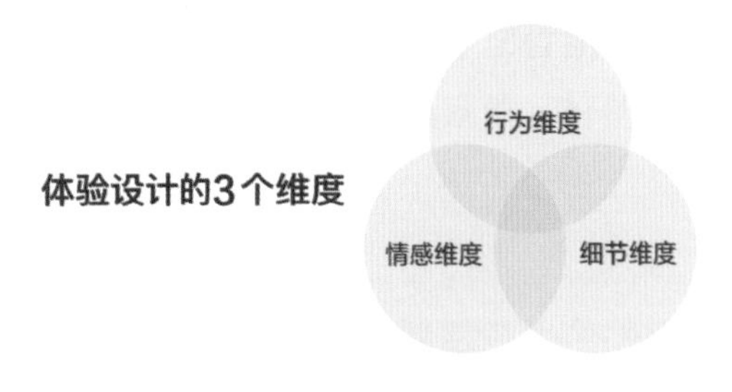

2.2.1 3 个维度的发展

这 3 个维度反映了产品发展的起源。从一个简单的工具到更好用的工具，再到精致的工艺，最后到一项颠覆性的新产品诞生，人们对于产品设计的诉求也在不断地发生变化。对于最初的简单工具而言，可用性上能得到满足就是好的设计，这也是产品设计最基本的要素。这种可用性与物品的属性有很大的相关性，比如早期人们在狩猎的过程中，发现前端尖锐的石头可以轻松地刺伤猎物，所以人们将石器制成类似的形状并得以运用，大幅提升了人们的生活水平，而这种“尖锐”的属性就决定了石器当时的价值所在。随后，人们利用这些属性制造出石矛、石斧、石镞、骨制标枪头等武器。这些属性所带来的价值逐渐被放大，也就是工具最早的行为维度设计。

“尖锐”的属性决定了石器早期对人们的价值

在产品诞生之后，会伴随一个漫长的自然演进过程，人们会对原产品进行小范围的改进与完善，直至产品不断变好。在简单的武器诞生之后，人们发现越锋利、坚硬的工具越能满足人们当时的格斗需求，于是人们慢慢地开始将这些兵器打造得更加光滑和耐用，逐渐演变成青铜和钢铁武器。另外，对于同一件产品的多个属性，也遵循着这样的自然演进过程。比如，剑刃和剑尖可以用来砍和刺，剑柄便于手握，护手和柄头可以防止剑体脱落，这些不同属性的发现和完善最终构成了剑的基本结构。

不同属性的发现和完善最终构成了剑的基本结构

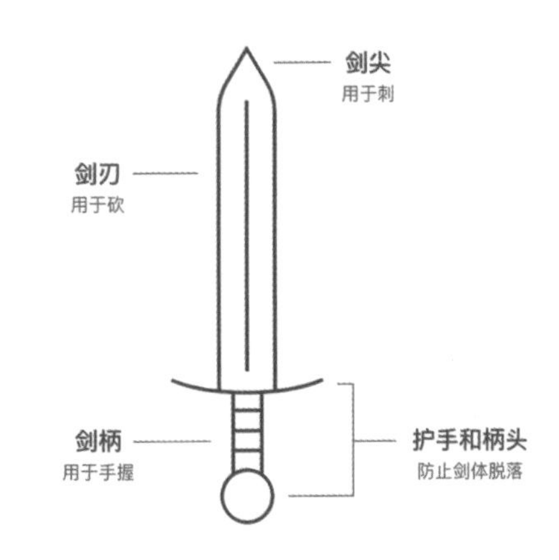

随着产品可用性的不断完善，人们开始逐渐关注到产品的情感维度，在这个阶段单独好用的产品已经无法满足所有场景的诉求了。武器用于战斗，这一点毋庸置疑，可这么冰冷的工具也会受到情感因素的影响，人们开始在武器上雕刻图案或镶嵌装饰以满足其情感诉求。比如那些统治者的佩剑，已经不仅仅是为了战斗了，精致的雕刻与镶嵌，充分表现了统治者的尊贵与权威。

产品设计的发展存在一定的规律性，它们往往先以行为维度的设计为中心，到开始慢慢挖掘行为维度细节，然后发展为情感维度设计，再到情感维度细节，最后形成一个完整的设计体系，但这个过程并非像前面文中叙述的这么简单。也就是说，在产品的情感维度发展过程中，它的行为维度也在并行发展，如武器的花纹雕刻在变得更加精细的同时，它的锋利度和耐用度也在慢慢提升。其他产品设计的发展过程也是如此。

产品设计的发展存在一定的规律性

2.2.2 行为维度、情感维度与细节维度

产品发展到如今，这 3 个维度已经可以完整地反映我们在使用一款产品时的整体感受了，同时也构成了体验设计的底层架构，任何一个好的体验设计都无法独立于这 3 个维度之外。更重要的是，这 3 个维度是如何体现在我们的设计中的呢？它们在何种场景下对体验起到了重要的作用？

1. 行为维度

我们先来探讨行为维度的设计，其主要考量的是用户正在使用产品时的体验。几乎没有人会排斥设计的可用性，这一点非常明确，但这不一定能够直接转化为用户实际的体验。也就是说，尽管我们对可用性都有明确的诉求，但进一步来看，每个人使用产品时存在很大的差异。比如，手机屏幕上一个按钮的大小足够小孩的手指点击，这也就意味着该按钮满足了小孩对其可用性的诉求，但同样的按钮对于一些成年人的手指来说显得有些小巧。同理，有些人对产品的逻辑敏感，总能对不同类型的功能做出正确的分析；而有些人则不会考虑这些，只会遵循产品的指引。一些用户在某个领域非常专业（如动漫爱好者、球迷、资深音乐人、投资专家等），他们往往期望该领域的产品能有更多的高级功能来满足其专业的应用场景，这些功能必须放在最明显的位置才能最大限度地提高它们的使用效率，而这些功能对于那些非专业人士来说并不是一件好事。比如，一个投资“小白”在首次使用股票软件时，就很难弄明白软件中的所有功能，这很正常，所以没有任何一个行为维度设计可以满足所有人，设计师必须清楚产品的目标用户。

除此之外，相同用户对不同使用场景的诉求也存在一定的差异。用户在一种场景下的诉求，在另一种场景下未必合适，有时甚至令人反感。用户虽然期望设计能够简约，但对于成本付出较大的使用场景来说，简约并不是应该首要考虑的因素，比如那些金额较大的理财认购环节，该场景下的信息展示必须足够全面，反复确认，才能让用户更好地做出决策，以及为其带来足够的安全感，尽管这样会让产品变得复杂。也正因如此，很多不同产品的目标用户虽然类似，但也形成了截然不同的设计形态。电商类产品和工具类产品的区别就是一个典型的例子，整体来看，电商类产品往往比工具类产品更复杂，原因是人们在购买商品时需要浏览更多的信息来了解工具类产品，而工具类产品往往更注重工具本身的操作效率，功能简单的工具更易于理解及快速上手。进一步而言，即使两者都是为了提升产品的使用体验，但均采取了截然不同的做法。

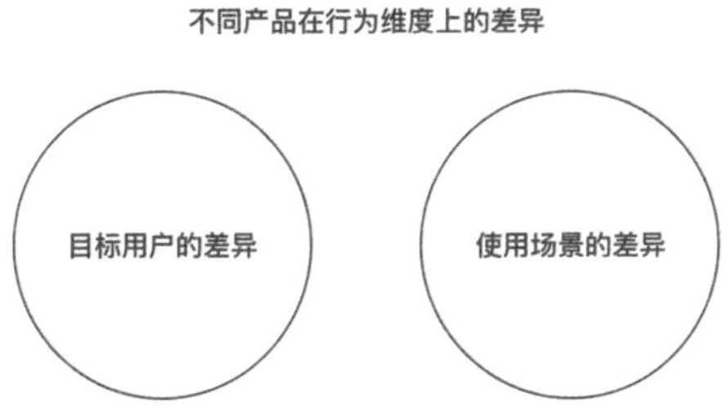

不同产品在行为维度上的差异

目标用户的差异

使用场景的差异

相同的产品可能存在不同的用户群体的情况，不同的产品可能存在用户相同而使用场景不同的情况，这些都影响了我们的设计方式及最终的形态。此外，用户对行为维度的诉求还可能受到其当下心情的影响。这是一个复杂但也是设计师必须思考的问题。

2. 情感维度

设计的情感维度随着行业的成熟慢慢地被设计师发现并重视。人们在初次使用或未使用某产品时，会潜意识地对该产品的喜爱度进行判断，而这一感受也影响着用户接下来的使用情绪。直观来看，用户对一个产品的第一感受很难与使用层面建立联系，难道产品是否好用不是由行为维度的设计决定的吗？没错，产品是否好用在很大程度上是由行为维度的设计决定的，但并非全部如此。情感维度设计在一定程度上也影响着用户的使用感受，这一点在《情感化设计》一书中有过很好的解释：

早在 20 世纪 90 年代初，两位日本研究者黑须正明（Masaaki Kurosu）和鹿志村香（Kaori Kashimura）就提出过这个问题。他们研究了形形色色的自动提款机控制面板的外观布局设计，这种提款机能提供 24 小时的便捷银行服务。所有的自动提款机都有类似的功能、相同数量的按键，以及同样的操作程序，但是其中一些的键盘和屏幕设计很吸引人，另外一些则不然。让人惊奇的是，这两位日本研究者发现那些拥有迷人外表的自动提款机使用起来更加顺手。

一位以色列科学家诺姆·崔克廷斯基（Noam Tractinsky）对此表示怀疑。或许日本人的试验有瑕疵，或者试验结果仅对日本人适用，不一定在以色列有效。“显然，审美品位和文化有关。而且，日本文化以其传统美学闻名世界。”诺姆·崔克廷斯基说。但以色列人呢？以色列人是行动导向的——他们不在乎美不美。于是诺姆·崔克廷斯基计划重做这个试验。他拿到了黑须正明和鹿志村香用来试验的自动提款机的外观布局，将日文翻译为希伯来语，并且重新设计了严格的试验方法。新的试验不仅仅再现了日本人的发现，而且——和他认为可用性与美感“没有预期的关联”恰恰相反——以色列的试验结果比日本的更加明显。诺姆·崔克廷斯基对此感到非常意外，在一篇科技论文中他特意将“超乎预期”这几个字标示为斜体，这也是论文中少见的做法，但他觉得只有这样才能恰当地描述这一令人惊讶的结论。

——唐纳德·诺曼《情感化设计》

对事物的喜爱或厌烦会影响我们的心情，心情进而又作用于我们的行为。进一步说，当我们喜爱某个事物时，就会有意识或无意识地接纳它，甚至可以忽略它的一些缺点；而当我们反感某个事物时，就会对此产生抵触。这种现象也同样存在于我们的生活中，当我们越厌烦某个人或某个事物时，就会越感觉他（或这个事物）的各个方面都很让我们厌烦，即便这些在其他人看来只是微不足道的小问题。因此，我们会很在意别人对自己的第一印象，尤其是在一些比较重要的场合。用户对于产品的印象也是如此，这种由情感支配的判断行为或许存在问题，理性会告诉我们要避免这样的片面思考，但在多数情况下，这种判断是潜意识的，它就在那儿，并不断调整着我们的思考方式。

另外，当用户在某个使用环节遇到危险或错误时，精神会进入紧张状态，这种状态虽然可以让用户更加专注，但容易造成他们忽略其他层面的问题，很多设计师在产品设计中会刻意地把一些错误场景轻量化或趣味化，以此来减少用户的紧张情绪，如“皮皮虾”中的“网络加载失败”。但在某种特殊的场景下，则需要让用户达成紧张情绪，对此，他们也会加强这种传达感知，如“得物”的“倒计时”设计等。

“皮皮虾”的“网络加载失败”

“得物”的“倒计时”

设计师通常会尝试强调产品带来的正面情绪，如让用户感到产品的安全性、专业性、趣味性等，来提升用户对产品的好感度；同时，设计师会避免叙述产品带来的负面情绪，如挫败感、枯燥感、焦虑感。此外，在产品设计中，负面情绪的运用与正面情绪同样重要，如那些需要用户谨慎操作的场景，设计必须能够引起用户的警觉，让其更专注于有一定危险性的操作。

不同情绪对产品设计的作用

3. 细节维度

无论是行为维度还是情感维度，如果其方案本身不够缜密、精致，那么这些方案都无法被称为一个好的体验设计。对于用户而言，好的细节处理可以帮助他们更好地使用产品，如一些用户操作错误的场景，多数产品仅是简单的报错，而有的产品则会指出操作错误的原因，并告知用户该如何正确使用。有些细节处理难以被发现，这些细节设计非常严谨，小到每个元素的大小和形状都要设计得恰到好处，这样有品质感的设计能够无意中捕获用户的“芳心”，但非专业用户往往只有最直观的感受——“它设计得很漂亮，我很喜欢，也很好用”。

上面的案例揭示了细节维度分别在行为维度与情感维度中的具体体现。同时，细节维度又是衡量这两个维度的设计方案是否完善的重要指标。有些产品的设计在刚刚使用时令人非常满意，只是在反复使用的过程中会遇到不同的问题，每次都以懊恼结束。产品没有足够深入的细节设计是造成特殊场景体验缺失的主要原因，有些设计师在工作中只考虑了一种基础的使用场景，忽略了用户在真实使用时会遇到的各种情况。收到反馈的问题后便会解释道“这种概率比较小”，但即使概率很小，也会有用户遇到。当这样的问题积累到一定程度时，用户的抱怨会如“井喷”一样反馈出来，更可怕的是，那时整个产品由于不同功能的层层牵扯，如果不做重构，体验上可能已经无力回天了。

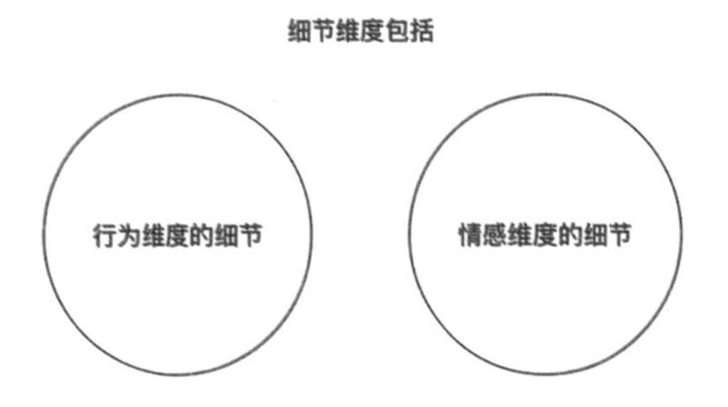

虽然我分别阐述了上述 3 个维度，但现实中的体验设计往往都包含这 3 个维度，它们相互融合，共同组成了一套完整的体验设计。

2.2.3 3 个维度的相互关系

3 个维度的相互关系比较复杂。整体来看，这 3 个维度共同决定了体验设计的好坏，任何设计都无法脱离其中。但具体来看，在不同的使用场景中，3 个维度所占的比重存在差异。有些场景主要以行为维度为主，如那些帮助人们高效完成任务的工具，就必须首先满足功能的可用性。而有些时候则需要把情感维度作为首要的评判标准，一些产品的激励系统就是以情感为考量标准的典型例子，如任务奖章、称号、等级和排名等，这些功能的核心目的是激发用户情感上的满足，类似场景需要用户操作的信息往往都非常简单，有的甚至无须任何操作。在这些场景下，行为维度就显得没有那么重要了。比较特别的是细节维度，它存在于所有场景下，并决定着所有设计方案的完善程度，行为维度的细节直接影响到用户的使用效率，而奖章之类的情感维度若缺乏细节则会让人感到粗糙，降低用户想要获得的欲望。

在一般情况下，这 3 个维度往往需要共存，但对于设计师而言，最有挑战性的工作莫过于处理 3 个维度之间相互冲突的情况罢了。对于行为维度的设计来说，信息的清晰、简约与操作的效率非常重要，而情感维度更好的设计通常需要研究如何让用户的心情更加愉悦。为满足用户情感维度的诉求，设计师通常会考虑为产品增加故事性的使用情节或令人开心的动画，但这往往会影响产品的使用效率，如果单从行为维度来说，产品一定要以最简单的步骤、最快的反馈速度为主，即使只有几百毫秒的动效，对于操作的效率来说也算是一种损失。我们再从行为维度的清晰、简约角度来说，设计的表现必须还原内容最真实的状态，需要去除与内容无关的元素，这样一来，那些令用户感到挫败的错误状态就也必须传达得非常明确，这样的设计虽然清晰，但枯燥甚至令人厌烦。细节的考量有时也会与两个维度存在矛盾，如大部分产品中的列表设计。列表设计或许看上去很简单，如下图所示。因为列表是由多个类似的表格罗列而成的，但若考虑到如何能让用户更快地识别各个表格的内容，那么就必须增加系列图标，不同颜色的图标当然更有利于用户快速识别内容。列表分为可点击和不可点击两类，如果需要传达可点击的概念，那么需要在列表的右侧增加箭头。当然，为了让用户更直观地看到不同表格下内容的变化，列表又需要添加内容更新的文案，有些比较重要的状态需要与正常状态有所区别，所以这些文案在颜色上要有所区分，或在表现形式上要有所区别。如果文案的类型增多，那么恐怕又要增加新的颜色或形式了。这样下去，列表整体看上去就会变得异常混乱，各种颜色和形式同时出现，一眼望去找不到重点，这也就违背了行为维度清晰、简约的原则。

另外，令人感到愉悦的设计是否会让某些人感到失望呢？相似的问题，那些可以让用户高效操作的设计在其他场景下是否会降低其使用效率呢？细节的处理很重要，但细节设计是否会对其他场景的细节造成影响呢？答案当然是没有一种方法能解决所有问题，在设计工作中，不同维度之间的矛盾共存是必然现象，设计师必须结合实际情况制订最合适的设计方案。

虽然不同用户及使用场景对 3 个维度比重的衡量存在较大的差异，但仍然可以发现一些设计的规律。原因比较简单，大部分用户使用产品时受两个因素的影响，即思考与动作。思考包括预设目的和评估结果等心理活动，动作包括执行操作和获取反馈等感官与产品之间的交互。实际的行为顺序为预设目的→执行操作→获取反馈→评估结果。

用户使用产品的过程

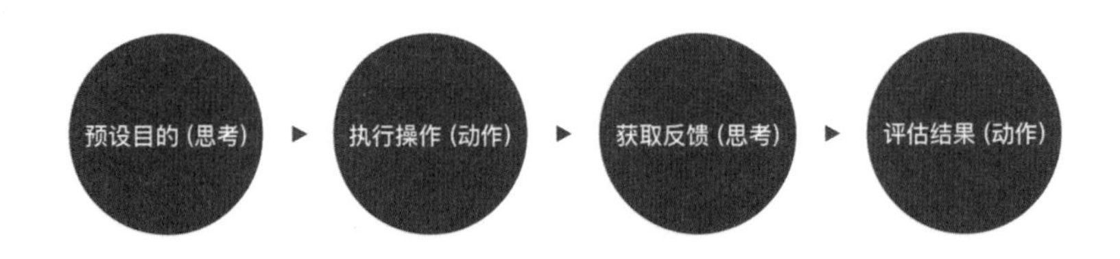

以某一款手机应用为例，首先是用户想要去做什么（思考），其次是打开这款应用及获取某种信息（动作），再次是评估接下来要做的事（思考），最后是再次执行某类操作并获取对应的反馈（动作），用这一系列的步骤完成整体的使用。当然，使用产品的第一步也可以是由动作触发的，如突然看到了某类信息，基于此再做思考。这样区分下来，情感维度与行为维度在各类场景下所占的比重就比较明确了，需要用户执行操作的场景应该以行为维度为主，涉及思考的场景则以情感维度为主。而需要情感维度与行为维度保持平衡的则主要存在于获取反馈环节，获取反馈虽然属于用户获取信息的动作，但获取而来的信息即用户对结果的评估环节，它是一个动作与思考高度绑定的环节，所以该环节既要考虑用户获取信息的效率，也需要考虑用户获取信息后的心理感受。

这 3 个维度在产品设计中相辅相成。更好的行为维度设计在一定程度上可以转化为用户更愉悦的心情，如果一个功能可以让用户节省更多的时间就达成目的，那么用户会更愿意去使用它，也更容易喜欢上它。同时，更愉悦的心情也可以转化为更好的使用感受，正如前面所讲，越让人喜爱的事物就越容易被人忽略它的小缺点，而更有考究的细节则可以帮助两者保持最佳的状态。

以一个加载状态的设计为例，若要提升该场景下用户的使用体验，设计师可以把需要加载的信息的体量减少，以便于在固定的网络环境下让其加载速度更快，必要信息过多的场景也可以考虑将不同的信息分部加载，保证用户在未全部加载完成的时间里可以先行阅读已加载完毕的信息。类似这种使用效率的提升会为用户带来使用上的愉悦感，而这种愉悦感就是情感维度的满足。设计师也可以把加载状态做成一个有趣的动画，来弱化用户等待的焦虑感，动画本身的视觉效果会让用户感觉加载非常顺畅，在这种加载状态下，用户甚至会觉得等待的时间变短了。

局部加载可让用户先获取已加载完毕的信息

有趣的动画可以让用户觉得等待时间变短了

2.2.4　让设计值得信赖

好的体验设计总是能够第一眼就让人眼前一亮，并且在细节中不断地为用户带来惊喜，以至于用户会在不知不觉中对它产生更多的好感，时间久了，这种好感就会转换成喜爱与信赖，进而对该产品形成更深刻的体验印记。

在生活中，人们会更愿意相信那些曾经帮助过自己的人；相反，如果某个人曾经欺骗或伤害过我们，那么我们就会对他产生抵触心理。产品也是一样，如果某个产品曾经真正帮助过用户，如让用户更快地完成了某项任务或在某个使用环节更好地满足了某类情感诉求，用户会对这个产品产生更多的信任感，一旦这种信任感的纽带被触发，一位普通用户便会成为该产品的忠实用户。

在大部分情况下，用户对某个产品的了解或尝试使用可能会在一瞬间被触发，如被朋友的推荐或被产品的其他推广渠道等触发，该环节完成后，产品的一个新用户即可诞生。但想让新用户对该产品产生信任相对比较困难，他们需要长时间地使用产品，才可能做到信赖该产品。从普通用户变成忠实用户是一个潜移默化的过程，这个时间的界限比较模糊，对于那些深受爱戴的产品，就连用户自己也无法确定是在什么时间开始变成它的“铁杆粉丝”的。

一旦普通用户变成了产品的“铁杆粉丝”，他们对产品的忠实度就难以被撼动，他们会自发地成为该产品的推广大使，自愿地去把产品推荐给自己的朋友。这种自发的推荐动力并非来自利益层面，更多的是来自推荐者的分享欲。在没有利益关系的情况下，人们总是愿意把自己认为优秀的事物分享给他人。

对于推荐者自己来说，自己的推荐每得到一个朋友的认可，这种被认可感就会增加。同时，他们对该产品的钟爱程度也会再次加深，进而变成更加忠实的用户。一方面在于被认可感的这种正面情绪会作用于人们对该产品的情感上，因为自己的推荐被朋友认可，间接地代表了自己在社交群体中起到了价值；而另一方面，朋友的再次使用并认可也会更加验证该产品的优秀。

而对于被推荐的新用户来说，在这个“广告漫天”的时代，他们早已对来自产品官方的广告脱敏，相比于产品的自吹自擂，他们当然更愿意接受朋友的推荐，尤其是来自那些对该产品有深入了解的朋友的推荐。正如微信创始人张小龙在 2019 微信公开课所讲到的：“我一直很相信通过社交推荐来获取信息是最符合人性的。因为在现实里面，我们其实接纳新的信息，并不是我们主动到图书馆或者到网上去找的信息。大部分情况都是听到周边的人的推荐而获得的。”

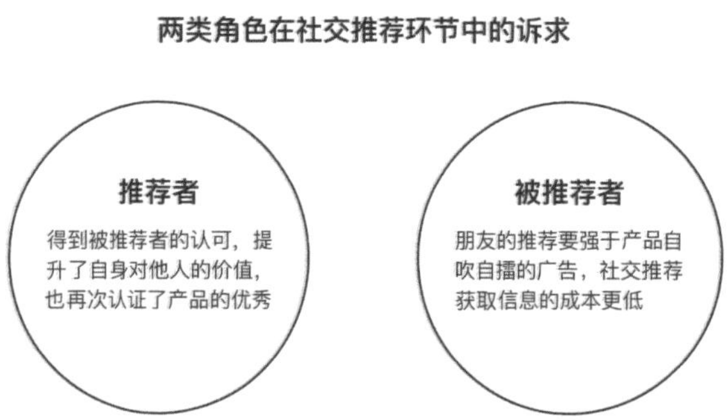

两类角色在社交推荐环节中的诉求

推荐者
得到被推荐者的认可，提升了自身对他人的价值，也再次认证了产品的优秀

被推荐者
朋友的推荐要强于产品自吹自擂的广告，社交推荐获取信息的成本更低

社交推荐是更加人性的增长方式，并且推荐与被推荐的动作本身也都可归属于一种社交行为，所以它也符合人们对社交的心理诉求。当然，这一切都是建立在非利益层面推荐的基础上的，如果推荐者是以获取利益为目的的，

那整个环节就也就另当别论了。

在整个推荐环节完成后，如果产品还能继续更好地满足被推荐而来的新用户诉求，那么这种良性循环就被打开了。新用户会重复推荐者的路径而成为该产品的忠实用户。以此循环，产品的新用户和忠实用户将会不断增多，而相比于纯粹的由市场推广而来的用户，这种自然增长的用户往往与产品更加亲近，当然，也更容易为产品带来价值。但产品这一切后续的良性发展都依托于一个优秀的体验。

在设计层面上，前面所阐述的 3 个维度是触发用户对产品设计建立信任感的核心因素，但对于多久才能触发用户的这种信任感，目前来看并没有一个固定的标准，用户对产品信任感的建立可能在几周之内，也可能在几个月以上。不同的产品属性和不同的用户类型对信任感的建立时间具有一定的影响。对于产品本身来说，用户的使用频率和产品为用户带来多大程度的体验升级，决定了用户信任感建立得快慢，那些更高频且对体验具有较高提升幅度的产品往往能更快地让用户建立信任感。另外，有些用户属于“慢热型”，对陌生事物需要较长的接受时间，他们需要对产品进行严格的把控才能将自己的情感投入该产品，这种类型的用户对产品一旦建立信任感，那么其对产品的喜爱往往也会更加疯狂。

影响用户信任感建立速度的因素

很多产品的设计师很清楚用户信任感的重要性，他们会针对自身产品的属性制定一系列让用户建立信任感的设计任务，如连续登录奖励及新人购买福利等功能，都是通过激励的手段侧面助力于新用户使用产品并逐渐建立信任的设计策略。

当然，用户量快速增长对于设计而言并不是一个结果，它或许只是开始，在用户量快速增长期间仍然存在一系列的设计挑战。比如，以往的设计是否可以满足不断增多的用户类型？为满足不同类型而不断累积增加的新功能是否会对产品的简约性造成影响？在这种情况下，是应该大胆尝试设计还是节制保守？新设计的产出速度是否可以跟紧增长的速度？有太多产品设计乃至企业在没有充足准备的时候就被快速的增长所冲垮，产品优化的速度无法跟上日益增长的节奏，造成增长后的体验缺失，进而带来增长上的断崖式下跌。这并不是只存在于产品设计上的问题，更是整个公司所面临的重要问题。

2.3 体验设计的思考方向

好的体验设计必须包含行为维度、情感维度和细节维度，但并不代表这 3 个维度在任何阶段的产品中都必须得以满足。这 3 个维度需要根据实际情况灵活运用，否则不但无法帮助我们，甚至可能变成设计的绊脚石。

这 3 个维度在不同阶段的产品中扮演着同样重要的角色，在产品发展初期，团队往往需要更加关注行为维度的设计，然后在产品中逐渐注入情感，细节维度伴随着两个维度的完善被不断打磨，直至形成一个完善的体验设计体系。产品设计需要一个发展的过程，简单来说，这就是一个性价比的问题，在资源允许的情况下，我们当然需要把设计的所有维度都考虑清楚并打磨精致，但在资源紧张的情况下就不一样了。比如，我们要买一款相机，我们知道越贵的相机其镜头越能起到更好的拍摄效果，但我们也必须考虑自己能承受的价格范围，如果超出预期范围，就需要考虑该如何选择，选择性价比最高的相机，否则就会出现“非理性消费”。

上面的案例虽然表述清楚了这个问题，但仍然有些不太严谨的地方，因为个人与企业或团队有所区别，如果从个人角度来考虑，该价值可以是在心理层面所带来的价值，只要喜欢，就觉得很值。但从企业或团队的角度来考虑的话，就不存在这些心理层面的价值了。产品设计的决策不应该存在“非理性消费”，因为这容易让产品的发展陷入一个尴尬的困境。如果忽略团队的实际情况，错误地判断了时机，那么设计的提案即使再优秀，在现实面前也会变得极其无力。

2.3.1 如何应对 3 个阶段的产品差异

不同阶段的产品设计目标存在差异，这种差异甚至大过不同产品类型之间的设计差异。从产品类型的层面来看，虽然不同的产品类型需要不同的设计，但所有类型的产品仍然存在相通的底层设计原则；而产品的不同阶段则不然，在不同阶段下，产品的设计存在本质上的差别，甚至会以此产生截然不同的设计方向。

产品的发展阶段可分为初创期、发展期和成熟期。初创期的产品首要目标是快速验证产品方向，这个阶段无论是产品设计还是业务本身都应避免过于陷入细节；发展期的产品需要快速迭代初创期产品的遗留问题，为日益增多的用户创造信赖的体验，该阶段对设计的把控就需要更加严谨了，因为这个阶段的用户大部分还未成为忠实用户，产品的设计问题极易造成产品的发展受阻；成熟期的产品已拥有稳定的用户，并且这些用户对现有设计已经形成一定的依赖，在这种情况下，设计师没有绝对充足的准备，最好不要尝试颠覆性的设计革新，否则就可能引起较大的负面影响。

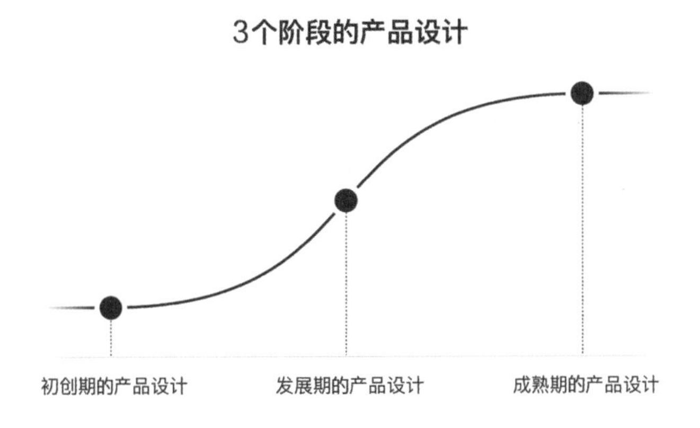

1. 初创期的产品设计

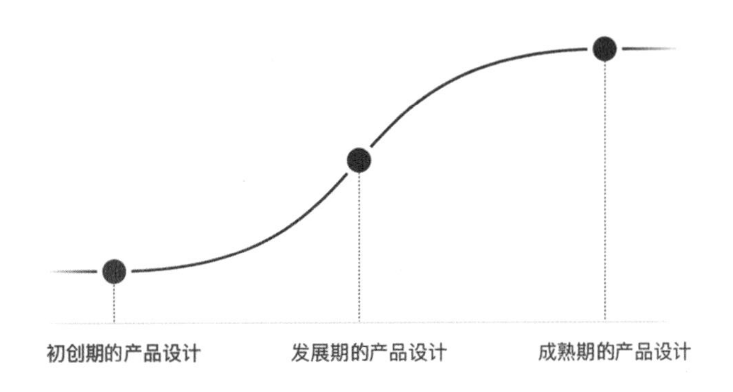

初创期的产品是指新产品在起步阶段，这个阶段的产品服务的用户较少，

产品方向存在较大的不确定性。因为该阶段的产品尚未成形，当发现原本的想法与现实偏离时，应该立即调整，否则就会让产品走进死胡同。也正是这样，团队在产出方案时，都应尽量避免过于陷入细节的考虑，因为大的方向调整后，细节绝大部分会被推翻，如果过度陷入细节的思考，就会造成大量时间的浪费。

初创期的产品设计的核心是帮助产品验证方向，暂时性容忍细节缺失；只做确定的事情，效率第一。

做确定的事情是指团队判断产品方向出错需要一定的实际验证。因为当一个方向在执行中不断地被推翻重做时，也就意味着此前的工作全部浪费，有太多的创业项目在研发阶段中方案被反复推翻重做，造成较长时间没有一个落地方案，最后资金耗尽，不得不关门大吉。而最终团队也没发现到底什么样的方案才是对的。或许真的有那么一个在当时看来似乎不太完美的方案正好符合用户的诉求。对于初创期的团队来说，应尽可能地保证每一个问题都是基于实际验证的，而不是只让问题存在于想象之中。

我们通常会认为初创期的项目职责划分不需要特别清晰，团队所有人都应为业务的方向负责，按照此思路，作为设计师，也必须跨行业深入业务方向的研究。但经历过该阶段项目的设计师发现，这是初创团队存在的明显问题，也是效率大忌。我们都很清楚，如果团队中每个人都对设计提出一份自己的建议，那么这个设计方案往往很难进行下去。换位思考一下，如果每个人都对业务方提出一份建议，那么业务方到底该听谁的呢？所以，在关键阶段每个队友必须对自己的领域负责，无论是在初创项目还是在相对成熟的项目中，我们都必须对队友保持信赖，这样才能让一个项目顺利地进行。

不过，职责清晰也并不代表作为设计师就不用去了解队友们的领域了，因为完全不了解其他领域同样会让项目的正常进行受阻。我们必然可以对业务方向的合理性提出疑问，甚至帮助业务方去想一些解决方案，但关键节点还是必须由对应的负责人决定该如何进行。在设计领域也是同理，团队也可对设计的合理性提出疑问或解决方案，但在决策的关键节点，团队需要信赖设计师所做的判断。

当然，上面所讲的都是相对理想的状态，各个环节的队友都是精英，值得信赖。但现实中往往会存在各个队友能力不均匀的现象，如设计师的决策出现错误的时候偏多，或者业务方存在决策不正确的现象。这个时候往往需要其他岗位的队友来弥补，以帮助彼此更好地完成任务。长期如此，能力较强的队友就会在团队中占据主导地位，在团队中自然也比较容易变得强势。

很多设计师认为初创期项目的设计比较弱势，不被团队重视，专业上没有较快提升，也无法体现价值。从表面上来看确实如此，因为设计师偏爱细节，而过度思考细节又是初创期产品的大忌，也就产生了上述现象。但这种看法怕是这些设计师把设计的范畴缩小到了细节维度上了吧？他们认为细节才是设计的全部，而忽略了设计的行为维度与情感维度。相比于成熟期的项目，初创期产品设计的过程更加简单，也能更快地投入市场，所以在设计的可用性层面验证速度往往更快，因此设计师在行为维度设计上的思考也会有较快的提升。

同时，设计的可用性是影响业务方向验证的重要因素，这也是初创期产品设计的价值所在。试想一下，如果一个产品非常难用，在这个产品投入市场之后，没有得到很好的结果，那么这是因为业务方向不对？还是由产品本身设计的问题造成的呢？所以，要确定验证方向，产品在投入市场前就必须在可用性上达到一定的标准。

越好用的产品越能准确地验证业务方向，这一点很容易理解，也比较容易在团队内达成共识，但是在初创期产品的设计中仍存在一些问题，那可用性上的这个标准该如何定义呢？产品的可用性在一定程度上取决于对细节的处理，但该阶段应该处理多少细节才算符合可用性的标准了呢？

不得不说，时间是初创期产品设计的核心矛盾点，好的行为设计需要时间推敲，但初创期项目很难给设计师预留足够的时间。设计师必须面对这个艰难的问题，并在此基础上尽可能地完善设计任务。若要在有限的时间内完成相对优秀的设计，设计师就必须提取方案内对用户影响较大的问题，而这些问题又必须明确导向一个客观的负面结果，如那些明显阻碍用户完成基础流程的操作，以及那些有明显错误引导的图形或文案等。同时，我们必须暂时放弃那些或许对体验有所提升的设计目标，如提升产品的好感度和趣味性等。因为提升类的目标除非是基于已有的结论，否则这个验证过程往往需要较长的时间，并且验证的结果也无法保证，这类诉求明显与初创期产品的迭代节奏不符。此外，如前面所述，如果业务方向变动，那么这些基于原有方向验证出的结果也将付之东流。

可用性的问题大多源于用户使用过程中的问题，有些问题或许第一眼看上去没有那么明显，但在使用过程中极易显现出来。对于用户影响较大的问题并非绝对地存在于大的设计策略上，有时这些问题也可能只因为一处细节设计所造成，因此初创期的产品到底应该存在多少的细节考究也就并非一个定值了。

在初创期产品时间紧迫、方向不稳定的环境下，设计师面临的挑战是巨大的，但其价值也是与挑战成正比的。因为这不仅关乎产品方向的验证，而且是在为该产品今后的体验设计奠定基础。

2. 发展期的产品设计

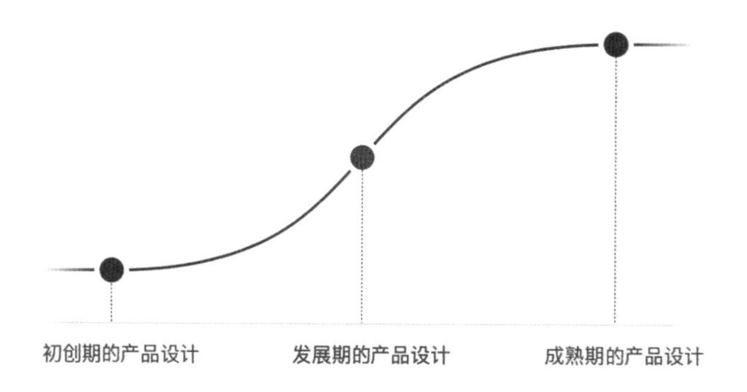

当产品方向已经验证，并开始不断地扩大用户规模时，标志着该产品由初创期进入发展期。当方向基本固定后，从理论上来讲，该阶段的设计已经可以适当地深入细节了。但从目前来看，该阶段的产品发展速度非常快，而且该阶段的设计一般还未沉淀出高速迭代的方法，设计资源将会异常紧张。绝大部分设计师抱怨“没有时间去深入研究设计，每天都有做不完的需求，也无法去验证设计的好坏”，这些一般都表明了该产品正在高速发展。

这个阶段的设计仿佛陷入了一个恶性循环。设计师的时间越紧张，就越缺乏时间研究提高设计效率的方法，而越不能提高产出效率，设计师的时间就越紧张。在这样的环境下，设计产出的质量往往都难以保证，还谈何去深入研究并优化产品的体验呢？所以，该阶段设计团队必须重视设计效率的问题，简单重复的工作是否可以通过某些工具来实现呢？而不是简单地通过增加人数或增加工作时间来应对，也只有这样才能让设计恢复一个良性循环。

由于发展期的产品所服务的对象多数为与日俱增的新用户，这些用户尚未对产品产生足够的依赖，并且这里面或许还有很大一部分用户是依托于“新人福利”的利益而存在的，所以这些用户与产品的关系非常薄弱，任何一点儿体验不佳的问题都有可能导致这些用户的流失，这也是此阶段设计要更加严谨的重要原因。

刚经历了初创期快节奏的方向尝试，此时的产品设计必然会遗留很多历史问题，也就是在初创期还没来得及考虑的情感维度和细节维度设计。外加新用户不稳定的客观属性和设计师并无时间细化设计，用户的抱怨声自然会显现出来。如何在高速发展的产品中优化设计，让越来越多的用户感到愉悦并逐渐对产品的使用产生好感？这是该阶段产品设计的最大难题。

如何能够让新用户在使用产品时感到愉悦呢？

首先，行为维度的设计必须得以完善，用户对产品设计的抱怨主要是源于行为维度存在的问题。但只做到用户不抱怨对于这个阶段的设计来说是不够的。我们经常产出严谨的方案，可是用户对此提不起兴趣，令人费解的是我们认为不太满意的设计却深受用户的喜爱，更难以理解的是他们甚至会觉得那些逻辑不清晰的产品好用。我们会觉得用户的思维很难琢磨。用户为什么总是喜欢那些我们不太满意的设计，这一点其实很好解释，因为用户使用产品时往往不会像产品专家一样专注于逻辑细节，所以用户认为产品的好与坏也就无法用逻辑的对与错来评价了。

其次，用户在使用产品时并非绝对地由理性思维支配，所以也就不会去思考过于深入的逻辑问题，而对产品的喜爱主要是源于情感层面的作用，觉得好用也可能是情感在此“捣乱”，正如之前所讲到“越喜欢的东西就越觉得它哪里都好”。若要让用户使用产品时真正地感到愉悦，就必须在设计中融入情感维度的考虑。不同类型的用户对产品的偏好存在较大的差异，而随着产品的快速发展，这个阶段的目标用户可能已经从初创期的用户群体演变成了另外一个完全不同的用户群体，所以设计也应该随着用户群体的变化而不断调整方向。

发展期产品设计存在以上两个非常棘手的问题，一方面是在快节奏的发展下，如何保持设计效率可以跟上发展节奏，让设计环节进入一个良性循环；另一方面是如何在这种环境下为用户打造一个舒适的使用体验。这两个问题对这个阶段的设计师来说都是非常有挑战性的。

最后，设计无论是好还是坏，都必须在这个阶段中稳定下来，因为一旦进入成熟期，用户对产品有所依赖，那时再调整设计，所面对的难度及风险都将是巨大的。

3. 成熟期的产品设计

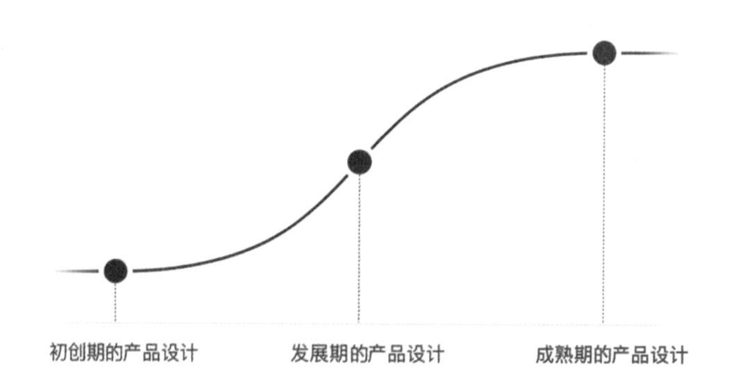

经历了初创期的方向验证和发展期的快速增长，接下来，产品开始慢慢地稳定下来，逐渐地进入成熟期。成熟期的产品一般已经拥有比较稳定的用户，虽然在这个阶段还会不断地增加新用户，但增长的速度往往会放缓，或者说该阶段的用户数已经快接近触顶的状态了。进入这个阶段的产品一般已经拥有一套严格的设计流程，各个方面的基础搭建也已经相对完善，如产品各个功能的数据指标和累积的用户反馈等。这些都可以为设计优化提供充分的辅助作用。

但更重要的是这个阶段的产品已经进入相对稳定的状态，即使是我们认为不好的设计往往也把用户培养出了使用习惯。他们或许曾经抱怨过，但随着时间的推移，没有流失的他们已经对这些设计习以为常了，也就不觉得哪里不对了。这是比较可怕的事情，因为我们在此后所做的设计必须考虑"用户已经习惯"这个问题，而不能单纯地从设计的好与坏来出发。而如果考虑习惯又意味着什么呢？那也就意味着不要对产品做出任何的修改。

所以在这个阶段，推进一次体验的提升是极其困难的。设计师如何保证某次修改所带来的收益大于破坏使用习惯所带来的负面结果呢？一次优化如果最终带来了收益，那么说明价值为正数，不去做这样的优化意味着价值为 0；而如果做了，但带来了负面结果，那说明价值为负数。在这样的风险面前，如果没有足够的把握，就很难说服团队来做这样的优化。

这样的风险与改动的幅度成正比，对原有方案进行的改动越大，对应的风险就会变得越大，这样的设计方案也就越难落地，而没有落地的方案自然就无法产生价值。所以，成熟期产品设计的关键就在于对细节的深挖，并通过细节的改动来验证这类优化的方向。

设计师初到成熟期产品设计的团队或许会对这样的环境难以适应，"为什么在这边设计师什么都做不了，我们的话语权如此低，低到我们能做主的都是一些无关紧要的细节。"首先，细节并非无关紧要，细节是设计中非常重要的组成部分。那些优秀的设计师总是能洞察常人看不到的设计细节，并发现其中的规律，这一点虽然看似简单，却是很难做到的，这也是设计师专业能力的一种体现。此外，细节也决定着整体体验的完善程度。在一般情况下，没有一款产品的设计做到了绝对的完善，其总是存在着某些细节问题，只是大部分用户不太在意而已。但这并不能表明产品已经没有优化的空间了，设计师在这个阶段需要更加深入细节，让设计更加完善。

细节的价值到底可以有多大？不知道大家是否听过《一条线与一万美元》的故事：

20 世纪初期，美国最大的福特公司的一台电机出现故障，很多人搞了两三个月都修不好。在束手无策的情况下，有人向公司推荐了当时已经移居美国的德国科技企业管理专家斯坦门茨。斯坦门茨在电机旁边仔细观察、计算了两天后，就用粉笔在电机的外壳上画了一条线，说："打开电机，在记号处把里面的线圈减少 16 圈。”人们半信半疑地照他的话去做，结果，毛病果真出在这里。电机修好后，有关人员问他要多少酬金，他说：“一万美元！”啊？一万美元！只画一条线？于是，便要求斯坦门茨列一张账单说明费用的支出。斯坦门茨写道：“用粉笔画一条线 1 美元，知道在哪里画这条线 9999 美元。”

这个案例虽然有些极端，并且它其实说明的是知识的价值，但我觉得用在此处强调细节的价值显得一点儿都不突兀。我们往往会忽略细节的重要性，认为细节不太重要，但“一条线”的价值在设计中时常有所体现，如一个按钮颜色所带来的点击率提升，一句文案所带来的满意度升级，这样的案例其实并非少数。“一条线”的价值是源于它背后带来的收益，互联网产品的用户非常庞大，尤其是成熟期的产品，即使是“一条线”的优化，也会影响着数千万甚至上亿名的用户。所以，即使只有一点点的提升，其价值也会被放大千万倍。

另外，虽然细节很小，但是存在的场景非常多，如果每处设计细节都完成得足够深入，对体验的优化甚至可能高于整体框架的重构。在成本方面，单个细节对用户的影响相对来说较小，所以带来的风险也就相对比较可控，这样的优化方案自然相对容易推进。最后，多处细节设计的验证可为整体思路提供有效的参考，并且这种参考都来自现实，其往往要比任何凭空分析都具有说服力。

虽然各个阶段的产品对设计的要求有所不同，但如果分别来看的话，都无法看清设计的全貌。我们现在所面临的问题是，长期服务于初创期团队的设计师看不到细节，而长期成长在成熟期团队的设计师只能看到细节。虽然设计师有自己独特的擅长领域是有必要的，但这些对整个设计层面而言都是不全面的体现，也是设计师成长需要发现与克服的关键阻碍。

2.3.2 向上与向下设计思维的运用

产品的不同阶段需要设计师以不同的方式进行设计尝试。初创期产品设计通常需要先从全局入手，再逐渐完善细节，这个过程被称作“自上向下”的设计过程；而成熟期产品设计需要设计师从局部入手，再反推全局，这个过程被称作“自下向上”的设计过程。这两个过程描述了设计的典型驱动方法，对设计师来说，两种思路在前半阶段分别存在着不同层面的设计挑战。但更重要的是，无论哪种思路，如果只能完成前半部分，设计上就会出现问题。从单独功能来看细节严谨，但整体上属于凌乱的设计；或者从整体来看似乎完整、协调，但在使用过程中处处彰显了细节问题的设计，这样不完善的案例在我们的生活中并非少数。

上述设计过程依赖于设计师对设计本身的两种思考方向，这里我们称其为“向下的设计思维”与“向上的设计思维”。“向下的设计思维”是指在设计中对局部细节进行深究，这个时候设计师的思考必须缜密精确；而“向上的设计思维”则是指对整体设计方向进行总结与探索，此时设计师的思考则需要更加系统、全面。

设计的两种思考方向

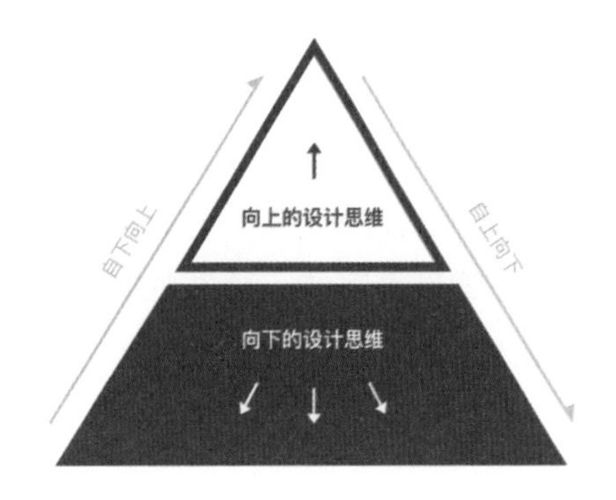

在现实工作中，这两种思路常常需要综合运用。设计规范的产生与运用就是解释两种思维相互结合得很好的案例，我们通常会对当前的设计场景进行总结与归纳，进而形成可以沿用的设计规范。设计规范可以很好地指引局部设计的方向及提高设计效率，但它需要持续地更新，当遇到设计规范未能涵盖的设计场景时，我们就必须对设计规范进行迭代，否则设计就会被设计规范本身所阻碍。总结下来就是，实际运用场景决定了设计规范的形成，而设计规范又会帮助具体场景的设计运用。设计规范的形成就是设计师“向上的设计思维”的表现，我们不断验证并迭代设计规范就是“向下的设计思维”的实际运用场景。在设计规范以外，我们在设计工作中存在众多的隐形规范，如设计原则的形成、设计师自身的经验累积等，同时，我们也在不断地探索并迭代着上述设计规范。

1.“向下的设计思维”——设计的深入度

很多设计师都期望把精力用在“向上的思考”上，因为相比于设计中的细节考究，当然宏伟的思考看上去才更有价值。但这忽略了在缺乏设计基础的前提下，总结出的那些看上去“有价值”的观点往往会极易出错的现象。有些设计师非常“善于”总结，他们擅长通过语言把所有的设计提到一个高度，即使很差的设计方案只要经过他们的“语言加工”都会变得“近乎完美”。这是非常可怕的事情，因为这会让一个劣质的方案通过审核后面向用户，而用户没有机会与设计师当面讲话。但更可怕的是，这个思路还在行业中被不断传播，“作为设计师，比设计更重要的是说服力。”类似的话语已经不止一次被听到，言外之意就是相比于设计基础，设计师要更重视总结与沟通，要能把没有用的说成有用的、把不好的说成好的，因为只有掌握了这个“技能”，才能让设计师在工作中“更好过”。但设计师“更好过”的结果往往就带来了用户“不好过”的现象。

设计师“向上的设计思维”固然重要，它可以把优秀的设计形成系统、形成理论并指引以后的设计，但这些都必须依托于设计师“向下的思考”的完善。更进一步地说就是，总结技巧即使很出色，也无法把粗糙、劣质的方案总结成优秀的方案，而脱离方案本身的总结，无非是对设计的过度包装罢了。

那么，设计师“向下的思考”的深度是如何体现的呢？或者说，怎样的设计细节才算是缜密的、精准的？这是所有设计师正在面临的问题，也是一个优秀的设计方案无法避免的问题。若要解决这个棘手的问题，在设计执行时，我们就必须参考以下两个标准。

“向下的设计思维”的两个标准

严谨的思路
细节服从整体，保障当下的设计质量

灵活的方案
细节革新整体，发现更好的设计途径

严谨的思路（细节服从整体）

我们先来看一个真实的案例（案例的内容我有做过相应的简化，但思路如此），一位面试者在简历中介绍自己的设计作品时这样写道：

我们调研并分析了我们的用户，了解用户期望我们的平台有更多的种类、更时尚的商品，同时期望促销活动再多点。那么用户的动机则是期望花更少的钱，买到更有品质的商品。首先，我们制定了设计目标：让用户查找商品更加高效、强化品牌情感化、统一设计语言。其次，我们从中提取了核心关键词：简单直接、精致优雅、成熟稳重。最后，我们展示了对应的核心设计图。

不知道大家是否发现了该面试者的设计思路中存在的问题。该作品的设计过程看似步骤完整、缜密，但其中的分析细节多处存在偏差，“促销活动多”与“品质感”很难建立关系，“情感化”与“统一设计语言”当然也与之关系不大，而到了后面的“精致优雅”“成熟稳重”就偏离得更远了。这也就造成了设计师在整体思考时是一个样子，而到了具体执行阶段后就成了另一个样子。

我们日常工作中由于思路不严谨造成的设计问题比较常见，或许偏差不会有上面的案例中这么明显，但这并不代表着就可以忽略。不可否认，很多设计师在设计前期所总结的方向或出发点都很优秀，但到了具体执行阶段，当开始遇到各种挑战时（也包括设计师个人偏好的内心挑战），往往就会为产品添加与方向相悖的设计。

基于以上现象，实际落地的产物与设计方向相互脱离的问题就出现了，有些产品期望做出简约的设计，到最后却显得极其复杂（甚至还会附加一丝可爱）；而期望多些人情味儿的产品，到最后也可能显得极其冰冷。除此之外，如果是多位设计师协作的项目，那麻烦就更大了，当每位设计师都根据自己的偏好设计时，那么整个产品的设计将会变得四分五裂，而初期所定的设计方向也就成了无关紧要的摆设。

所以，在设计的细节深入阶段，首先就是要做到细节服从整体，在整体方向的限制作用下逐渐细化，直至最小的设计元素。这期间的每步细化过程都非常重要，因为只有这样，才能让最终的细节体现得足够严谨，更贴近该产品的整体方向，进而达成一套完整的设计。

灵活的方案（细节革新整体）

细节服从整体，也就是说我们在执行所有细节设计时都必须严格按照最初的规划完成吗？其实未必。再全面的方案都存在着不完善性。随着时间的推移，它一定会面临着迭代的命运。但也正是有了迭代，才会有进步。

如果说细节服从整体是当下的设计保障，那么通过细节革新整体就是设计前进的重要途径。这一点虽然说起来容易，可在实际操作中面临着很大的阻碍。

整体的设计方向很稳定，确定下来就很难变动，沉淀的时间越长，就越难变动。但细节随着每处设计的产出都在寻求变化，时间久了，两者之间就会产生冲突。

有些时候，作为设计师的我们很清楚解决这样的冲突已经到了刻不容缓的地步。对此，我们既可以直接把整个问题抛出，也可以增加一些严谨的全局分析过程并生成个近百页的分析报告让领导及团队相信该问题的存在。但事实上，领导多半不会相信，若相信了或许会让设计变得好一些，但优先级如何呢？可能就另当别论了。

面对已经长时间积累下来的规则，设计师往往很难说服领导及团队把它列为一个马上要执行的任务，这是无法避免的现实问题，正如我们在前面“3个阶段的产品”中所讲的一样，如何能够证明一次较大的改版所带来的收益大于执行它的成本呢？这是非常困难的。所以，这个时候我们必须从细节出发，在细节中找到充足的“证据”。

如何在细节中找到“证据”呢？下面让我们来看一个案例：

一位优秀的设计师朋友曾发现其产品的设计太过于复杂（一款电商产品），已经影响到了用户的正常使用，但问题是目前市场上的电商产品其设计看上去似乎都比较复杂，那么复杂是否是电商产品的一大特色呢？大家担心简约的设计反而不利于购买转化。为了让人信服，他先尝试弱化了商品模块下的所有图标，因为图标在非设计师眼里仿佛并不重要，而且开发成本很低。但即使这样，他们的团队仍然存在疑虑，他们统一的反馈是“我确实更喜欢你的新方案，但我无法确定它是否会影响用户购买商品，不过，介于开发成本较小，我们可以尝试小规模测试一下”。这个小项目的结果是弱化了图标后，该环节的转化率确实有了些许提升。那么把其他信息也按照此思路来进行优化，结果会是怎样的呢？

大家似乎找到了提升转化率的抓手，于是所有人开始提出如何合理简化信息的方法，他们发现结果同样奏效。就这样，大家一直以此为目标不断地尝试优化方案，最后该产品也把“简约”列为设计及业务需求的核心目标之一。

这位设计师并没有在发现问题时花大量的时间去分析简约的重要性。因为他很清楚，如果从大方向入手，或许会有很多人点头赞同，但大家往往不会有去做这件事的动力。要说服大家，就必须把事实摆在面前，才最能让人感受到。该设计师对图标进行优化时分为两步：首先，把实际设计图摆在面前，让每个人都能感觉到这是好用的；然后，用实际结果消除他们的潜在顾虑，以此打开了革新的大门。

“向下的设计思维”是设计师的基础思考。在前面，我们了解了该思考的重要性。接下来，我们将一起探讨设计的另一个思考方向——“向上的设计思维”。

2.“向上的设计思维”——设计的系统性

设计行业中的一个现象是一些长期专注于总结与归纳的设计师认为设计细节无关紧要，我要掌握大局；而长期钻研细节的设计师往往会认为总结与归纳都是夸夸其谈，不切实际。大家似乎都在拉高彼此之间的壁垒，不去相互接纳与学习。但实际上，这两种思考方向都是设计中不可缺少的一部分。

两类设计师的视角鸿沟

设计细节无关紧要，我要掌握大局

长期专注总结与归纳的设计师

总结与归纳都是夸夸其谈，不切实际

长期钻研细节的设计师

我曾与一位设计师闲谈。他阐述了自己现在的痛苦：“我们有月度总结、季度总结、年度总结，那些擅长写报告的设计师就会得到重视，像我这种宁可画 10 张图，也不爱写一个字的人非常吃亏。”诚然，团队不应该只关注设计师的报告本身，但另一个值得注意的问题是为什么很多设计师如此抵触总结与归纳呢？

从产品设计层面来看，没有总结就不会有方向的指引，而缺少设计指引，后续的所有设计执行就会乱了阵脚。这是因为设计师在执行阶段很容易陷入当下的具体场景，而忘记自己前进的方向。不妨拿我们日常的设计工作做个类比：当我们在接到一个项目时，必须先了解项目背景并结合设计经验（也可以找一些设计参考），综合两者在心里勾勒出大概的指引，之后才能开始设计执行。如果直接进入设计执行的话，或许就会产生更多的发散方案，但这些方案往往多数偏离实际，所以设计前期的分析就成了设计过程中必不可少的环节。对于长期运营的产品设计来说也是如此，如果在整个项目的设计前期缺少指引，就会在后续产生多种设计方向，影响执行效率不说，这些设计方向甚至会带来截然相反的效果。

从设计师的个人成长层面来看，情况也大同小异，缺少总结与归纳，以往的经历无法沉淀出对未来有价值的经验。所以，抵触总结，其实就等于在抵触进步。但造成这种现象确实也是事出有因，在当前的行业中，并非所有公司都要求设计师需要具有总结能力，尤其是一些快速发展中的公司，他们更看重设计的产量；而有些公司则把总结看作设计师的个人附加项，如果期望进步，那么就去自己找时间进行总结与归纳，但并不会考虑个人进步所带来的产出升级。基于以上情况，设计师就更加注重设计图本身了，长期如此也就形成了当前的状况：宁可画图十张，也不愿总结一字。

这么说来或许会显得有些极端，因为对于设计师来说，总结是无时不在的，经验也可能在潜移默化中就有所形成，所以进步看似也是一个自然现象（虽然潜意识下的经验并不清晰）。但是对于一个多人协作的产品设计来说就没有那么好办了，如果缺少一个共同方向，每位设计师都以各自为中心，那么对于产品的实际用户来说，就会产生极大的困扰。

所以，琐碎的设计必须被梳理成系统的、可持续使用的方法，这样才能保证优秀的方案达到其最大的价值。而一个优秀设计的发展就是通过总结与提炼不断地把不好的体验剔除，把好的体验延续并扩展的过程，这也就是“向上的设计思维”在设计中的价值所在。

“向上的设计思维”很稳定，越是上层的思想就越不容易被撼动，并且对后续设计的影响也就越大，“包豪斯”的理念延续百余年，在如今的设计中仍然奏效，就是因为该理念达到了足够的高度。我们向下一个层面来看，每个产品的设计都能提炼出属于自己的设计理念，这样的理念一旦形成，在短期内就不宜再有转变，它就像设计中的路标一样，引导着该产品今后设计的方向。

那么，如何才能提炼出在长时间内相对稳定的设计理念呢？

首先，设计理念不应该盲目追随“时尚”。设计分析案例中不难见到设计师对设计趋势的分析，如何理解当前行业中的设计趋势呢？因为具有影响力的产品都这么做了，并且随之而来有很多设计在跟风，设计学院的学生开始不断临摹，所以带来了行业内设计团队对此的关注。这也可以理解为设计行业内的“时尚”吧。大家都担心被落在后面，所以拼命追赶。稍有分析能力的团队追赶“时尚”的内核原理，缺乏经验的团队追赶“时尚”的形式。但本质上都是被所谓“时尚”牵着鼻子走的，大家永远也无法追到。我并非鼓励设计师拒绝趋势的分析，而是想说如果设计以趋势为基点，那么它的方向将极其不稳定，趋势每年都在迭代，但并非每年的趋势都能与自己的产品有所契合。若要让自己的设计随此趋势做出改变，就必须做好足够的准备，但我觉得大家一定还没做好这个准备。

其次，设计理念必须适用于所有的设计场景，并且指引着一个正确的方向。不可否认，一些具有针对性的设计理念往往最能解决眼前的问题，并且能够在较短的时间内带来令人欣喜的效果。但从整体来看，它并不稳定，设计师无法确定切换场景后它是否同样适用，在执行中自然就起不到指引的意义，甚至会带来相反的效果。同时，正因为设计理念对设计执行的影响较大，所以其正确性就显得格外重要了，中途不断调整方向必然会带来理念的不稳定性，有些错误的理念甚至不会给设计留有调整方向的机会。所以，必须确保它是正确的，但执行起来并非易事，什么才算是“正确”的方向？我相信每个设计团队都会有不同的定义，但更重要的是，若要做到方向正确，就必须基于多次的实践验证（回想一下前面列举的由图标推进的体验升级的案例）。而对于初创期的产品设计来说，恐怕就只能先基于“假设”的场景及以往的经验进行提炼了，然后经过实际场景的检验，慢慢探索其正确的规律。这种情况虽然比较容易出错，但初创期的产品设计不正是一个试错的阶段吗？

最后，也是非常关键的一点，设计理念必须清晰可执行。否则，总结下来的理念就会变成几行文字或某个文档下的几篇文稿，毫无价值。有些团队的设计理念提炼得相当模糊，“要有高级感、要提升用户体验、要能带来商业价值”，这些方向固然没错，但都是废话。没有一位设计师期望做出“低级、降低用户体验、拉低销量”的设计，但具体该怎么做呢？可能每个人内心的画面截然不同，这样的理念也就很难执行下去。“向上的设计思维”的产物在无法执行的情况下显得很薄弱，甚至毫无作用，越是无用，就越显得薄弱。这表面上看似是执行抗拒方向所引起的结果，但本质上其实是方向指引不明所引起的。所以，我们提炼的理念必须足够清晰，能够在每位设计师的头脑中勾勒出相同的画面，并可以被逐渐地完成。

如何让理念清晰可执行呢？不妨我们再拿日常中的设计工作做个类比：我们在设计工作中，为了让用户清晰地完成某个任务，应该如何去设计产品呢？首先，任务的信息呈现应该保持简约，要去除无用的信息干扰，也要避免含义模糊给用户带来的理解干扰，只有这样才能让用户快速地了解内容。其次，待用户清晰地了解完任务内容后该怎么做呢？此时，我们要提示用户完成任务共分几步，并引导用户下一步该如何执行。最后，用户应该接收到一个执行结果反馈。这样，用户即可清晰地完成任务。让设计理念得到有效运用也应如此，首先，理念本身阐述的内容应该简单易懂；其次，它必须可以被拆分成多个可执行的步骤；最后，可以反馈给设计师对应的执行结果。理念的思考和我们日常设计工作的思考存在一定的相似之处，只不过目标用户成了我们自己及团队中的设计师而已。在设计理念的过程中，虽然我们需要考虑到理念背后的种种复杂问题，但在把它传达给所有设计师的时候必须清晰易懂。

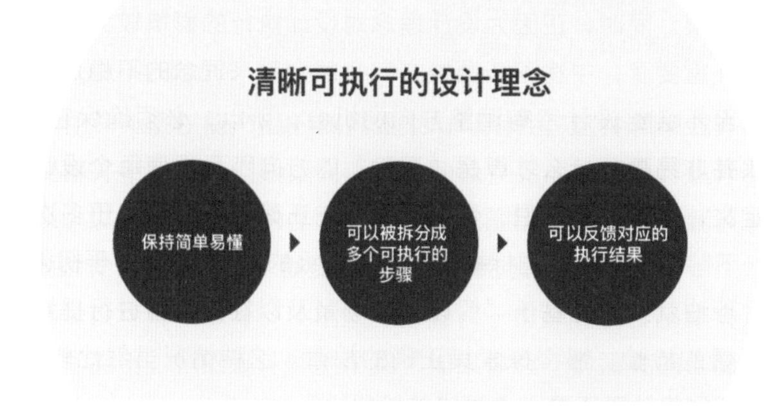

所以，若要保证产出的设计理念长期稳定，更好地帮助产品今后的设计执

行，就要做到：①追随自身，而非“时尚”；②涵盖全局并方向正确；③表达清晰并可执行。只有这样才能让设计理念为我们带来其应有的价值。不过，任何的理念与方向只是相对稳定的，它必须随着时间不断地更新迭代优化，以至于达到更符合当下的状态，进而带来更加完善的设计体系。

决定互联网设计行业重要性的因素

“向上的设计思维”与“向下的设计思维”在实际设计中有着密不可分的关系，我们无法脱离其中的一种思考，而去单独考虑另外一种，因此它们之间自然也不存在明确的界限。若要打造一个好的体验设计体系，就必须做到对两种思考的完善。但对于不同的应用场景，我们往往需要在设计过程中有所偏重，“自下向上”是从“向下的设计思维”逐渐抽象到“向上的设计思维”的过程，这个过程能让方案及理念足够严谨、正确，但执行效率偏低；而“自上向下”则是从“向上的设计思维”逐渐具象到“向下的设计思维”的过程，这个过程执行效率较高，但容易出错。

“向上的设计思维”与“向下的设计思维”的特点与关系

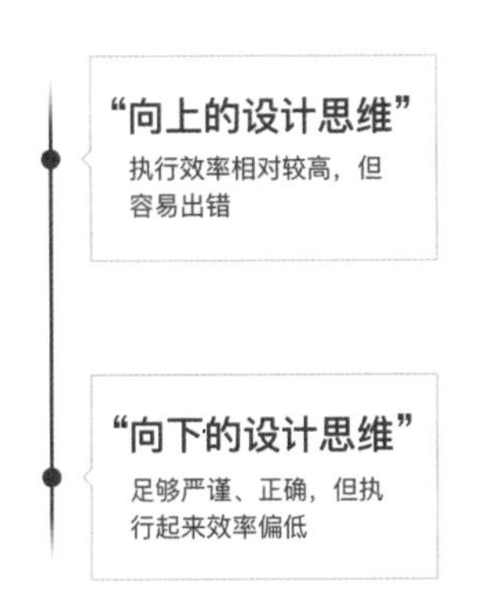

这两个过程并不存在对错之分，它们分别适用于产品设计的不同阶段，而对于长期工作在一个产品阶段下的设计师来说，往往会养成单一的思考方式，在切换团队后或许会感到不适，但也正是这些不适渐渐地为设计师铺好了成长之路，让其能更加全面地了解设计中的挑战。

2.4 设计师的非线性成长

每位设计师都有最符合自己的成长路径，这些成长路径本质上并无对错、好坏之分。行业从未有过设计师应该如何成长的规定，也无法做出这样的规定。当然，很多公司处于相对成熟的阶段，它们会为所有员工定级，其中也包括设计师。它们会严格制定每一级别对应的能力标准，以保证评级体系的相对公正。行业中会把一些具有影响力的公司定级作为设计师能力评判的标准，以此来定义设计师所处的级别，这无形中也就勾勒出了一位设计师的成长规定。但公司为员工定级的主要目的其实是让公司资源能够得到合理的分配，让更符合需求的员工去做相应的工作，以保证产出质量与效率的最大化。这些职级概念虽然有助于设计师规划自己的发展，其提供了一个像闯关一样的目标，能够激励设计师较快进步，但如果这些级别直接用于评价设计师的能力则有些问题。

首先，任何公司的级别都不具备普适性，如你在 A 公司达到了高级别的标准，但在 B 公司就不一定，因为所有公司的定级只能针对本公司的标准而判定，它并不能作为一个行业的标准，也没有办法达到一个标准（因为不同的公司在观念上存在差异）。其次，这些级别对于设计师的个人成长来说，有些自相矛盾，因为没有一个人知道设计的终点到底应该是什么样子的，所以最高级别的设计师应该是什么样子的呢？这就很难定义。此外，设计师的成长也并非一定要延续单一的线性发展，一般来说，设计师应该先稳固基础，再去思考理念，但有些设计师会先思考理念，再逐渐稳固基础，最后同样会变得非常优秀。而有些设计师选择的道路则是同时发展，并同时完善。简单的闯关模式往往无法解释这些复杂的路径，所以，设计师的成长阶段自然也就无法用公司的级别来衡量了，即便很有影响力的公司。

设计师的成长是不固定的复杂过程，期间交替经历着各种不同的设计挑战，正是这些挑战让每位设计师构建了自己独特的魅力。虽然如此，为了方便大家理解，在探讨时，我们还是尝试着把设计师成长过程中的不同挑战按照一定的类型进行了划分，分别为：设计信念的挑战、专业能力的挑战、横向知识的挑战、外界环境的挑战。但值得注意的是，每位设计师的成长并不是固定不变的过程，当然也不需要固定不变。

2.4.1　发现并运用自身的信念

说到信念，我们往往直接联想到的是虚无缥缈的未来蓝图，“你要坚定你的理想、不要害怕困难、要努力”之类的话术。这样的话术具有较强的煽动性，它能唤起人们内心的共鸣，并令其付出相应的行动。但由于其强大的情感号召力，也容易被用于一些错误的场景，如那些极具煽动性的图书或文章，是否每次看完都热血澎湃？但当实际运用时发现毫无用处；是否每次与某些领导对完话都觉得自己可以拯救公司？但领导的实际目的无非是让自己多加一加班而已。信念本身对设计师发展有着巨大的价值，但其含义逐渐在被贬义化，令人避之不谈。

现在可以确认的是，设计信念的威力非常强大，它可以帮助设计师突破层层难关、让众多设计师团结一心，但如果不是基于设计师自身的经历与理解所得出，就容易被他人扭曲变形。设计师无法辨别其对错或是否符合自身，自然对接下来的行动也毫无帮助，过度依赖甚至会为自己的设计生涯带来灾难性的结果。

回想一下，我们开始进入设计行业的最初动力是什么呢？难道就是为了赚钱吗？额……或许确实是这样的，大概也只有这一点可以概括每个人的目标。但更重要的是，若想要从一个行业中长久获利，就必须让它产出对应的价值。而对行业价值的这种信赖，就是信念。更进一步说就是，作为设计师，首先应该相信好的设计可以为用户带来价值，要相信这才是更长久的商业价值。

那么，设计师如何发现自己的设计信念呢？

设计信念就是设计师对自身整个职业生涯“向上的思考”的产物，它是设计师对以往设计经验的总结与判断，并对今后的发展方向起到了指引作用。所以这里不妨让我们用“向上的设计思维”模型来解决这个问题：①追随自身，而非“时尚”；②涵盖全局并方向正确；③表达清晰并可执行。只不过这 3 点在此处是运用于设计师的自身规划的，而非针对某个特定产品。

1. 追随自身，而非“时尚”

“时尚”也存在于设计师的职业发展之中，几乎每年都会产生几个新口号，堪称所谓“设计革命”。这些口号与“设计趋势”有着异曲同工之妙，具有影响力的设计师都这么说了，随之而来有很多拥护者，设计学院的学生开始纷纷模仿。其他设计师担心落后，所以拼命追赶。稍有分析能力的设计师追赶“时尚”的内核原理，缺少分析能力的设计师只追赶“时尚”的形式。但还是发现怎么追都追不上。最后，造成了什么结果呢？没有任何工作经验的设计师总是高喊：“设计驱动商业、设计是来解决问题的。”这些口号并非源于他们自身的经历，所以来得快，走得也快，基本不会超过几个月的热情，最终还是回到了自己原有的位置。

口号算不上信念，因为它没什么实际的指引意义。设计信念的形成需要一个逐渐演进的过程，即便最初是通过外界获得的引导，但也应该结合自身的实际情况才有意义。只有这样才能保证该引导真正符合自身，才能保证它足够稳定，否则这些引导就变成了毫无营养的口号，最终可能对自己造成伤害。

2. 涵盖全局并方向正确

与特定产品设计的理念有所不同的是，设计师对自身发展的信念应涵盖自己所触及的所有产品设计。针对某款特定产品所总结的方向无法直接运用于设计师的整个职业生涯，这很容易理解，如某款娱乐类产品需要趣味性才能满足使用，但是不能说所有设计的目标就是趣味性。同时，信念一旦形成，就很难变动，所以也应尽可能确保它的正确性，这一点就必须通过设计师的实践逐渐验证，设计师验证了它的正确性，获得对应的成就或收益就越大，信念往往也就越坚定。反之，则渐行渐远。

3. 表达清晰并可执行

即便信念来自自己，也作用于自己，但仍然会存在表达不清晰的情况。我们有些时候不清楚自己的真正信念，所以容易找不到前进的方向，以至于越“努力”越迷茫。这种情况在现实中看似是在努力，实际上却是在偷懒。

当我们在执行一个大事项的时候，内心都会出现“两个小人儿”：一个负责分析规划，另一个负责执行完成。在分配任务时，如果负责分析规划的“小人儿”偷懒了，他就会把一个自己没弄清楚的模糊方案发给负责执行的“小人儿”，如“你要努力，努力才能做好”之类的。负责执行的“小人儿”无从下手，要么着急地开始到处乱撞、要么一气之下什么都不做了。结果可想而知。在毫无头绪的挫败中，我们常常责备自己不够努力，“为什么没能做到每日读书 2 小时、练习 2 小时？”看似是没有努力，实则是我们内心在规划时偷了懒。

模糊不清的信念对自身的设计发展无法起到引导作用，而起不到引导作用的信念也就毫无意义，甚至无法称为信念。此时，我们必须责备内心负责分析规划的“小人儿”，让他完成好自己的任务，把需求快速明确。

清晰且稳定的信念对设计师的个人发展起着至关重要的作用，在任何时候，它都能为设计师提供最强有力的指引。不过，信念无法脱离实际经历而单独存在，它应随着设计师的实际经历及对应的环境而不断进化，直至形成一个影响更大、对行业更加有帮助的形态。

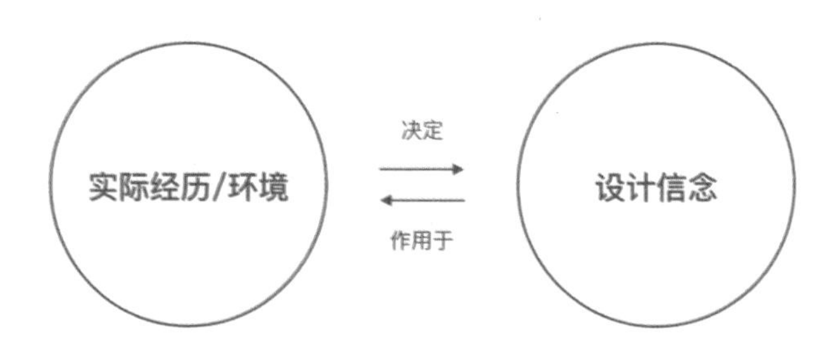

2.4.2 专业能力的成长阻碍

专业能力是行业价值的主要支撑，也是设计师自身成长的必经之路。它和设计信念是相辅相成的关系，设计师必须具有足够深入的专业视角，才能更全面地发现其中的真正规律。

现在，很多设计师并不把专业能力作为持续追求的目标，认为那些是设计师入门时才考虑的事情，作为“过来人”的我们对专业能力的掌握已经足够了，所以要跨界、要赋能，他们高喊“设计驱动商业”的口号，满口的英文专业词汇，然后继续产出粗糙的设计方案。这样的新一代“大跃进”心态在设计行业中一直存在，让每位设计师变得越发浮躁。其无非是想放大自己在企业中的重要性，所以让他人认为自己的能力不只体现在这粗糙的作品上，以此来博取他人的认可。期望放大自己的重要性没有错，但这种做法实际上是一种包装，用来迷惑外行人罢了，过度包装甚至会迷惑自己。

好的设计必然是建立在优秀的作品之上的，不论引用了多么著名的理论、不论背后的原理多么深刻。如果最后在实际呈现时存在问题，那么就算不上是一个优秀的作品了。这种专业上的提升没有快捷路径，并且还会受到现实的层层阻碍，但克服这些阻碍也是设计师基本的职责之一。

那么，哪些现象阻碍了设计师的专业能力提升呢？

首先，设计师对专业的积累就是在与时间赛跑。随着工作经历的增加，工作中的琐事也会慢慢增多，如果设计师不增加额外的时间来接触新的专业知识，慢慢地就会与专业脱节。这种脱节不会突然发生，而是在不知不觉中进行的。所以当设计师意识到问题的时候，早已被时代抛在后面很远了，当然也会有符合需求的新人不断涌入。这是一件再正常不过的行业现象了，但值得一提的是，这些不符合市场需求的设计师并不是纯粹地由年龄过大造成的，而是他们中很大一部分人已丢失了自己的专业能力及对新知识的渴望精神。

其次，对设计价值的质疑也是造成设计师丢失专业的重要因素。我猜很多体验设计师都曾在一段时间内质疑过自己的专业："我们的职业到底有多大的价值？只画图是否会有将来？人工智能是否会取代设计师的岗位？我是否要转行去卖保险？"以上问题让有些设计师转身离去，还有些设计师在每日消沉中等待被淘汰。不可否认的是，截至目前来看设计师的主要职责确实就是画图（或指导他人画图），无论使用的工具多么先进，设计的最终产出物仍然是以"图"为主，我相信今后也不会有什么太大的变化。但"图"应该如何画、最后应该呈现出什么样子、带来了什么样的结果及如何基于这个结果再做优化，这才是设计师应该更加关注的地方。设计行业的价值多数情况也与"图"相关，但为了这个"简单的图"，设计师又必须完善自己各个层面的知识。很多人都太小看这个"图"了，对于只能看到表象的非专业人士来说是可以理解的，但作为设计师不应该只能看到自己专业的表象。

最后，不断地被行业内的各种口号洗脑也会造成设计师忽略专业能力。这些口号的产生确实可能经过了比较严格的推敲（当然也可能只是某位知名设计师一时的"灵感"）。它可能在某种环境下是合适的，或许还会对设计行业的发展产生一些积极作用，但如果每位设计师都盲目跟风，那么将产生一些问题。口号之所以能传开，受到很多因素的影响，但可以肯定的是，有些口号并非对每位设计师都是适用的。设计师必须先判断当下自己最需要的成长因素，再去决定吸收什么样的知识与方法，如此才能获取到符合自身的知识，而不是服从"行业时尚"。比如，对于当前非常欠缺专业能力的设计师来说，"设计驱动商业"这句话没有太大的指导意义，听多了无益。

2.4.3 如何拓展设计师的横向知识

设计的专业能力是设计师的生存之本，但体验设计并不是一个可以独立研究的行业。设计师必须与不同的角色配合才能完成共同的目标。所以，对互联网产品整个研发环节的认知已经是体验设计师最基本的要求了，设计师必须足够了解自己服务的业务，也必须了解一定的开发逻辑，才能保证整个环节的正常运行。这些基础知识对于设计师来说或许并不算太难，经历过一段时间的训练就能够掌握。但只做到保证设计流程的正常运行，往往并不能帮助设计师更快地成长。几乎所有的设计师都能掌握与设计流程相关的各种职业知识，但协作起来仍然有很多时候会显得被动，还是要面对自己辛苦完成的作品被不断否定的情况。如果是以设计为驱动的项目，这种阻力就更加明显了。

设计驱动是一件令设计师非常“头疼”的事。一个设计方案从想法到落地经历着复杂的过程：从设计团队的认可到跨团队协作方的认可，再到开发环节，最后投入使用并量化其结果。做出一个设计方案对于设计师来说也许不太难，但如果做出一个正确的方案，让所有人认可并为之努力，最后还能得到一个正向的结果可就不是一件容易的事情了，而这里面最大的阻力就是设计师横向知识的局限性。

设计方案从想法到落地的过程

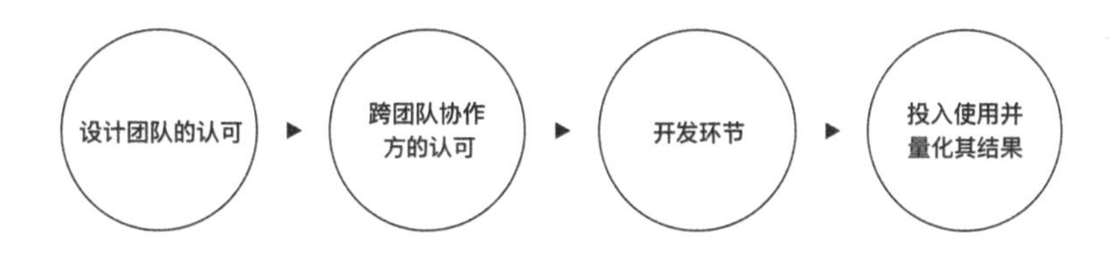

不同职能的人对同一份设计方案有着不同的诉求，所以衡量标准也就会有所差异。设计师的设计方案必须满足所有相关人员的诉求，才能博取大家的支持，

否则方案就会寸步难行。了解这些不同的声音只通过沟通往往无法做到，就像大家在与设计师进行沟通时，其实问题就是“丑”，但几乎所有设计师都不会告诉大家拒绝的理由是因为“丑”，而是找出一套官方的推辞“这个在视觉处理上有些难度”。所以，如果设计师不够了解这些人的专业及一些隐性信息，就无法做到了解他们的真正诉求。另外，项目及公司本身也会有对应的诉求，对外:“推进的方案是否能为用户带来价值，进而增加产品的市场竞争力？是否符合公司的长期战略？”对内:“是否占用了较多的人力成本？对以后的工作效率是否有帮助？”如果设计方案能满足所有诉求，那么设计就能走得更长远，带来更大的价值。这就是横向知识在设计中的重要性的体现。

我相信一个能够考虑如此全面并成功落地的设计方案并不多，因为这本身就不是一件容易做到的事情。首先，能够较为深入地了解各个角色的真实诉求本就是一项艰难的挑战了；其次，再把这些诉求通过一个方案全部解决更是难上加难。现实中，我们也没必要在一个设计方案中满足所有的诉求，但要避免其项目对其他职能造成不良影响，否则就会遭到强烈的反对。横向知识的深入在设计师的日常工作中也会产生一定的正向影响，如果在方案设计阶段就考虑到了其他职能的诉求，那么设计方案的协作也就会变得顺利很多。

横向知识的主要获取途径是工作经验，这也是经验丰厚的设计师的优势所在。如果没有经历过设计驱动项目的各种阻挠，也没有因此对设计方案进行不断的修改，就不会意识到横向知识在设计中的重要性。但这也并不代表着横向知识就是设计师的一切，它和设计师的专业能力一样都很重要，并且也有非常密切的联系。横向知识的拓展是帮助设计师更好地完成设计，绝非独立于专业能力的另一条出口，它并非设计师的主要职责，却是让设计变得更好的重要途径。

2.4.4 发现适合自己的成长环境

设计师更好地成长的同时脱离不了外界环境的影响。好的平台能把设计师的能力展现到最大，对于有潜力的新人来说，合适的环境也能快速地让其体现价值。所以，环境和设计师的价值往往也是绑定在一起的，没有良好的环境，设计师的价值及成长也会因此受到一定的限制。

“人往高处走，水往低处流”，一些设计师会认为去知名公司就是“往高处走”的表现，堪称“镀金”效果，不在乎去的具体团队如何、服务的产品如何。

仿佛只要在知名公司中游走一圈，整个人就能脱胎换骨，如果躁动的心按捺不住，待上半年就走，然后回头就把简历中的公司名字改掉，感觉整个人都升华了。

外界环境并不是决定设计师成长的绝对因素，它的本质更像是一个催化剂，帮助设计师提升成长速度，但如果把外界环境当成拯救自己的“灵丹妙药”，结果无非是蒙着眼睛去看问题罢了。另外，一个团队从外部看到的多是优秀光鲜的一面，而从内部来看往往却都是有问题的一面，我们无法通过团队的知名度来判断团队的好坏，当然也就更无法判断其是否符合自身的成长了。所以，如果你期望加入一个符合自身的团队，在选择时就必须关注到这一点。

那么，如何判断一个团队是否符合自身的成长呢？

若想判断一个团队是否符合自身的成长，首先应该确定的是自身当前成长的阻碍，是缺少横向知识拓展的机会？还是深入专业能力的机会？还是缺少对两者的沉淀与总结？理想状态下的环境应该与自己的强项形成一定的互补关系。比如，你的横向知识面很广，能为团队带来更全面的设计视角，并且自己也能同时吸取团队的其他能力。在现实中，这种互补关系往往不会那么明显，因为每位设计师不会拥有绝对的优势与缺点。不过基于不同公司的设计挑战还是存在较大差异的，有些公司内各个部门的合作非常融洽，那么设计师就可以花更多的时间来攻克专业能力；而有些公司内各个部门对于细节把控非常严谨，那么设计师就需要更广泛的知识结构拓展来让自己的方案更加完善。当然，以上话术有做简化处理，真实协作情况往往要更为复杂，但发现这样的团队或发现已在团队的这些特点，仍然是设计师让自己的能力与团队的发展共同进步的重要途径。

另外，选择团队是一个双向抉择的情景，并非设计师所倾慕的团队一定会满意该设计师，尤其在这样一个严峻的竞争环境中，设计师的人数早已多于应有的岗位了。这很残酷，但非常现实。

如果说只为了名企头衔的设计师过于浮夸，那么另一批设计师则显得要低调得多，工作多年还保持着“好学生”的心态，以学习为目的来看待所有工作：只要能学习进步，其他的都可以无所谓。但问题是，公司对这样的设计师可是有所谓的，因为公司选择一位设计师并非看重其谦虚、爱学习的优良品质，而是设计师的专业输出能力（就是能带来的价值）。虽然学习能力和专业输出能力之间有着千丝万缕的关系，但其最终目的一定归于后者。所有设计师对这一点都非常清楚，但如果能够系统地梳理出自己的优势，往往就又需要设计信念、专业能力、横向知识的不断强化了。

设计信念的挑战、专业能力的挑战、横向知识的挑战、外界环境的挑战一直伴随着每位设计师的成长。具体来看，每位设计师的起点各不相同，有些设计师是科班出身，入行之际就有了一定的专业基础；而有些设计师则是半路转行，他们在入行的时候就有了一定横向知识的广度；每位设计师的天赋也有所差异，有些设计师很细致、严谨，而有些设计师对设计的信念非常坚定。这些都注定了每位设计师都会延续不同的轨迹来发展设计。但从整体来看，每位设计师从入行之日起都经历着上述其中一类挑战了，随着该挑战的阶段性成功，就会开始转向另一类挑战，以此发展，直至不断完善一个属于自己的职业生涯。

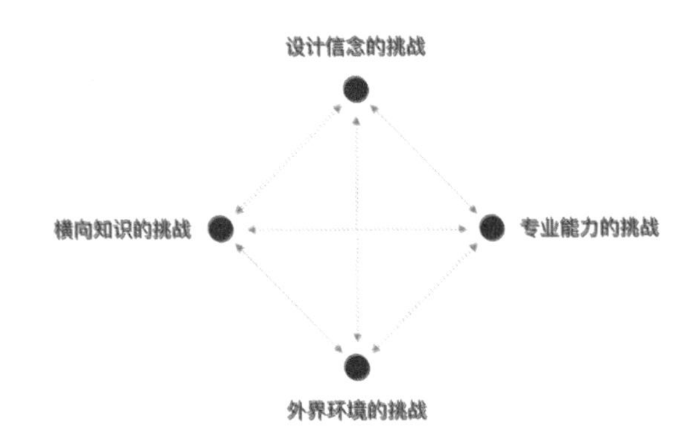

第 3 章

行为、情感与细节设计

设计师和他的作品在行业中一直处于高度绑定的状态，也就是说，即使用户对某个产品背后的设计团队并不了解，但透过作品，也能大概清楚他们的思考方向，甚至团队的性格。正如多年前由 One minute MBA 发布的一则关于苹果设计原则中最后一条所表述的一样："产品人员要意识到产品是他们自身的一个延伸。"这句话的言外之意就是产品人员与产品本身有着密切的关系，产品人员设计的产品会在各种细节中透露着其自身的思考角度与深度。

在前文中，我们已经探讨了行为、情感和细节维度在设计中的由来和重要性，也阐述了好的设计就需要符合这 3 个维度的考量要求。无论是什么产品，如果其功能表达得不够清晰，无法让用户自然地理解，而且不断地为这些有缺损的设计增加可能会阻断用户当下动作的"新手引导"，那么这个产品显然是缺乏了对行为维度的考虑，使用起来费时、费力的产品，用户自然容易感到懊恼。在情感维度方面，如果设计没能真正做到贴近用户和他们的实际使用场景，产品的逻辑再精确无误，往往也很难使用户产生共鸣，喜不喜欢或许只来自用户一瞬间的感受，但其中可以挖掘出众多的设计因素。若设计中缺乏对细节的考究，那么以上两个维度往往都无法达到一个更好的效果，在一定场景下这种细节的缺失甚至会造成严重的负面后果。

通过这 3 个维度，我们能相对清晰地判断一个设计作品的完善程度。但在实际工作中，能让设计相对符合这 3 个维度的要求，并且让这三者和谐共存并非一件易事。对设计师来说，这是一个无法避免的挑战。在接下来的内容中，我们将详细探讨 3 个维度的概念与它们在体验设计中的运用。对于使用产品的用户而言，从这 3 个维度单独来看，每个维度都是决定实际体验的重要因素；而对产品的设计师来说，这 3 个维度中的每个维度又都有着不同的侧重点和不同的设计挑战。

3.1 行为维度设计

微信内对各种功能的设计把控是行为维度设计中的一个很好的案例。我们经常会去研究微信为什么可以把产品设计得这么好用，让我们使用起来非常轻松，就连对手机软件不是特别精通的老年人也可以轻松上手。如果我们仔细分析它的每一处细节，就会发现它在很多地方都遵循了行为维度的设计准则。

当然，微信的设计是否可以被称为是好的设计，在这一点上，每个人的看法可能会受到他对微信的使用定义的影响。微信到底是什么呢？对于大部分人来说，它是一个通信工具；对于某些人来说它可能是人脉的聚集地；对于父母来说，它或许只是了解孩子近况的工具；或许还会有人认为它就是一个支付工具；当然也会有人认为它是获取信息的平台。

微信可以形成优秀的体验并不只是由其设计决定的。那么在这里为什么要列举这个产品呢？因为微信的产品理念和设计师的思考方向有很多相似之处，张小龙在近几年的微信公开课中曾多次提到几点原则：要让用户更加轻松，也要让微信更加高效地帮助用户完成任务，不去刻意地迎合用户来创造所谓的惊喜。这些思考方向都是行为维度设计的重要标准。微信之所以轻松、好用，正是因为其背后团队坚持了这些原则，或许这些原则不是决定它成功的关键，但不可否认的是，这些原则确实成为当前软件市场上的一缕清流。

行为维度主要关注用户使用过程中的感受，优秀的行为维度设计总是能让用户以更轻松的思考方式，更加高效地完成自己需要完成的任务，达到设想的预期。该维度是设计师目前的核心关注维度，也是设计师目前主要面对的问题。如何让用户在使用产品时更加轻松？如何帮助用户更加高效地完成任务？如何才能精确地让用户获得符合预期的结果？这也是本章要探讨的内容。

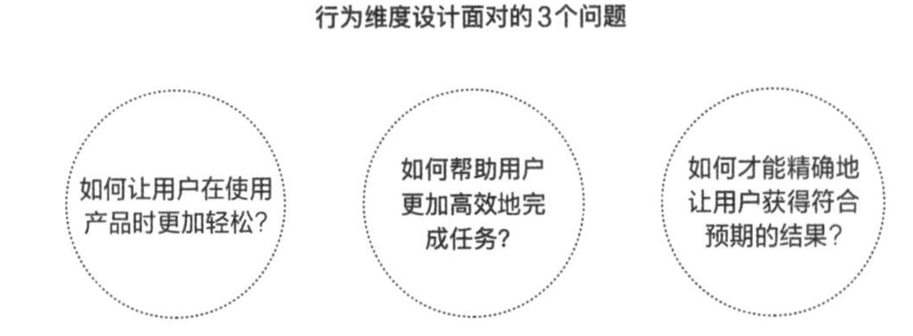

3.1.1　更轻松的思考方式

移动互联网产品的爆发本是一种非自然的生长，信息的增长速度与人们头脑中可承载的信息量越来越不和谐，人们被迫去处理超过自身所能承载的信息量，这也就转化成了越来越大的压力。在设计中，这种压力也时常有所体现，很多设计师竭尽全力地让用户“上瘾”，尽可能地期望增加用户在产品内的停留时长，进而达到短期的数据提升。但是有些停留时长的增加或许正是产品功能复杂、使用成本过高的原因，而这一点并没有被设计师关注到。

曾有设计师向我展示了其最近完成的界面重构的项目，骄傲地阐述道：通过界面的整体改版，近一个月内用户停留时长增加了 20% 以上。而当聊到该数据增长的原因时，这位设计师却无法回答。这是一个很有意思的问题，设计师没有再回头关注数据增长的原因，因为这是一个看似非常正向的结果，只有结果不好时，我们才会去关注产生问题的原因。如果结果看似是正向的，我们就会沉迷于“成功的喜悦”，可停留时长的增加真的就是一件好事吗？当界面进行了一次比较大的重构后，是否会存在用户找不到需要的内容而增加了他寻找时长的情况呢？

很多产品过度在乎停留时长的指标，以至于会让人认为这就是一个绝对的正向结果。设计师会想出很多达成该目标的手段，在产品内不断增加新的内容，如不断增加新功能、不断营造新氛围或把画面做得更有冲击力，以此来吸引用户。这种非自然的垒砌虽然创造了更加丰富的使用场景，但无形中也给用户带来了更大的使用压力，让人感到不舒适。

在产品设计中，维系产品与用户之间和谐关系的是设计引力。当产品失去设计引力时，关系也就不存在了，但当产品刻意地去增加设计引力时，就会给用户带来压力，用户在使用产品时就不会感到轻松，过度地通过设计来吸引用户眼球就是引力过大的结果。在现实中，只有把产品与用户之间的这种设计引力控制在一个合理的范围内，才能给用户带来一个轻松、自然的使用体验。心理学中有一个名词可以解释产品与用户之间的这种最自然的互动——affordance。

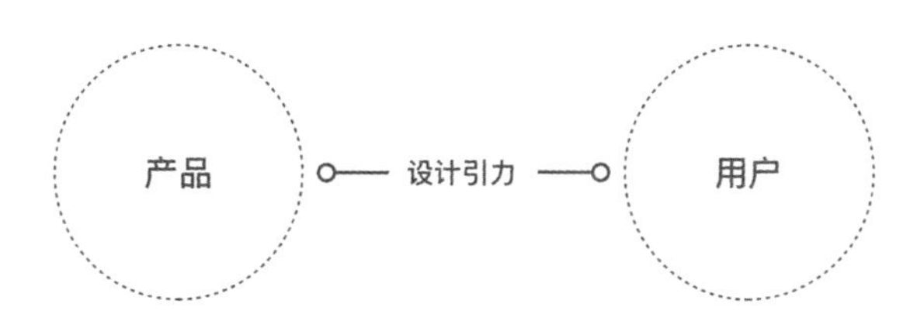

1. Affordance——让设计更符合直觉

Affordance 的中文被翻译成“可供性”，它是一个生造词，由美国心理学家詹姆斯·杰罗姆·吉布森（James Jerome Gibson）于 1977 年最早提出，吉布森认为人知觉到的内容是事物提供的行为可能，而事物提供的这种行为可能就被称为 affordance。简单来说，它是指环境给人 / 动物的行为提供的一种可能性，是环境与人 / 动物之间的一种连接。

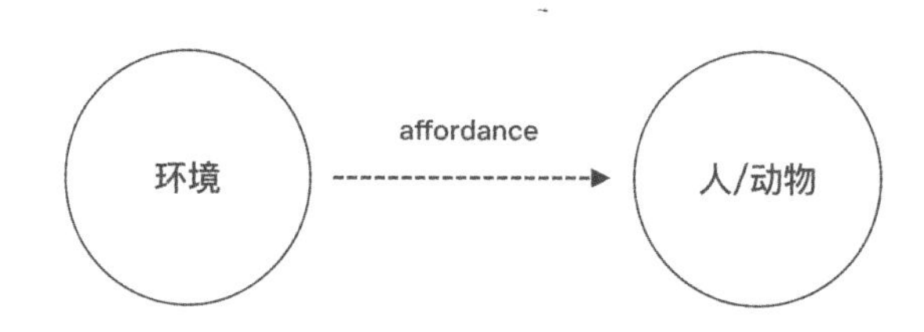

举个例子，我们的祖先最早学会了用树枝来做武器，可树枝并未标明自己可以用来做武器，而且树枝也并非为人类做武器而生。但它的粗细、硬度、锋利度等物理属性对人类的狩猎、防御等行为产生了引力，所以自然而然地就形成了这种互动。这种互动是最符合直觉的，人们总能依赖当下的情景在环境中提取对应的 affordance，即便对同一个物体，也能提取其不同的 affordance，树枝可以用来做武器，也可以用来烧火，还可以用来探索河水的深度。

吉布森认为不同的 affordance 没有主次之分，也不会受人们的经验影响。比如，楼梯连接了两层建筑，方便人们上下楼，这是我们的认知结果，但楼梯同样可以让人们坐下进行休息。前者是经验的产物，而后者就是人们根据当下情景自然而然提取到的 affordance。

我们在生活中的任何行动和创新都是去发现环境中的这种可能性。在产品设计中，设计师应该尽可能地观察到用户行为的可能性，并允许用户根据自身当下的行为对产品提取不同的 affordance ，只要这个行为不是具有破坏性的。在互联网产品中，我们都知道按钮是用来点击的，可以跳转或激活某个功能。但按钮的高亮与禁用状态同样具有提示当前界面情况的作用，当按钮处于禁用状态时，我们就会去检查当前界面的信息是否填写完整或是否存在错误。如果设计师只关注到按钮的点击作用，在设计时就会因忽略了它的附加属性而出现问题。

很多时候，作为产品的设计师，我们期望用户能够按照我们的思路去使用产品，我们会把想要突出的内容做得非常明显，用设计师的思路来刺激用户的行为，只要用户按照我们的思路去做了，就会得到一个很好的结果。殊不知，在这一层面上，设计师就已经犯了先入为主的错误。

举个例子，我们在对一款互联网教育类产品进行课程管理体系改版时犯了一个错误，收到了很多的用户差评。这个改版的项目耗时很久，产品经理与设计师都花费了很多时间去琢磨方案。在方案中，我们把旧版课程管理中的展示课件图像的功能入口弱化到右上角的“…”中。原因在于“课件展示功能”在当时看来是明显的设计问题，它在用户上课前并不会出现，在课程结束后才会出现。但上完一次课的用户其实很少再去回顾复习，这也是合情合理的。如此看来，该功能就没有必要存在于一个比较明显的位置，并占用较大的空间了。

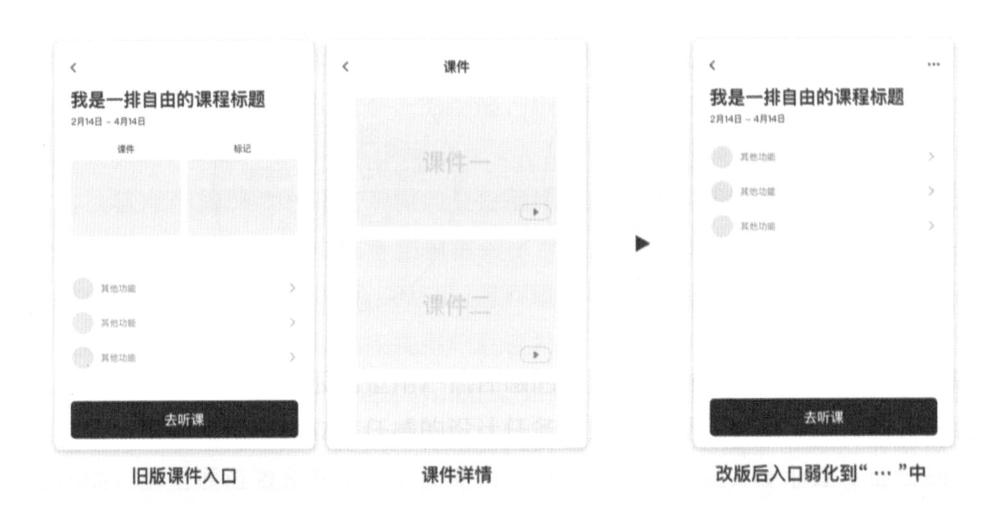

旧版课件入口　　课件详情　　改版后入口弱化到“…”中

注：现实中的项目还包括其他一系列的改版内容。但为便于理解，该优化内容我做了一定的简化，以方便大家更聚焦该单个功能的表现。

但现实并非像我们想的那样，对于正在读高中的用户群体来说，他们并没有时间去上直播课程，也没有时间在听完一节近两个小时的课程后再进行回顾，他们很少会按照设计师的引导去点击“去听课”按钮。而课件展示恰好可以给用户提供查找重点内容的功能，然后他们可以根据自己的需要进行选择性的听课。该功能弱化后让他们在使用产品时感到不便，进而引起不满。这样的结果与设计初衷是完全不符的，课件用于回顾时快速查看，而并非用于检索重点内容，但部分用户结合自身需求，自然而然地发现了符合自己的用途，提取了该功能的额外 affordance。如果从这一层面来看，查看课件的功能就不应只关注到它本身的用途，还需考虑到用于检索使用的方便程度。设计师只有尽可能地考虑到功能在用户视角中的多种实际用途，才能让设计价值最大化，这就是 affordance 在设计中的作用。

高中用户与小学、初中用户的使用差别

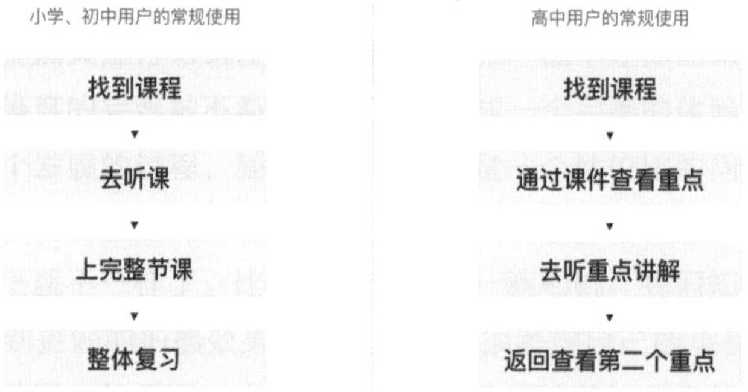

小学、初中用户的常规使用	高中用户的常规使用
找到课程	找到课程
▼	▼
去听课	通过课件查看重点
▼	▼
上完整节课	去听重点讲解
▼	▼
整体复习	返回查看第二个重点

以上是框架层面的案例，下面让我们再来看一个更详细的案例。

微信发布朋友圈时（见下图），图中方案 1 的“发表”按钮用了相对较小的按钮，且被放在了右上角，而不是像图中方案 2 那样在界面中用一个比较大的按钮。这是为什么呢？是随意而为，还是为了达成某种目的呢？

从 affordance 的角度解读，放在界面中的大按钮，必然会比放在右上角的小按钮更方便点击。发表内容并不是一件随意的事情，更容易点击的按钮虽然在这一步看起来非常方便，但更容易增加发错内容的概率，这时再去删除内容重新发表则是更麻烦的一件事情。而适当增加点击“发表”按钮的难度，则有避免发错内容的作用。这是运用 affordance 的特性去反向思考的典型案例。

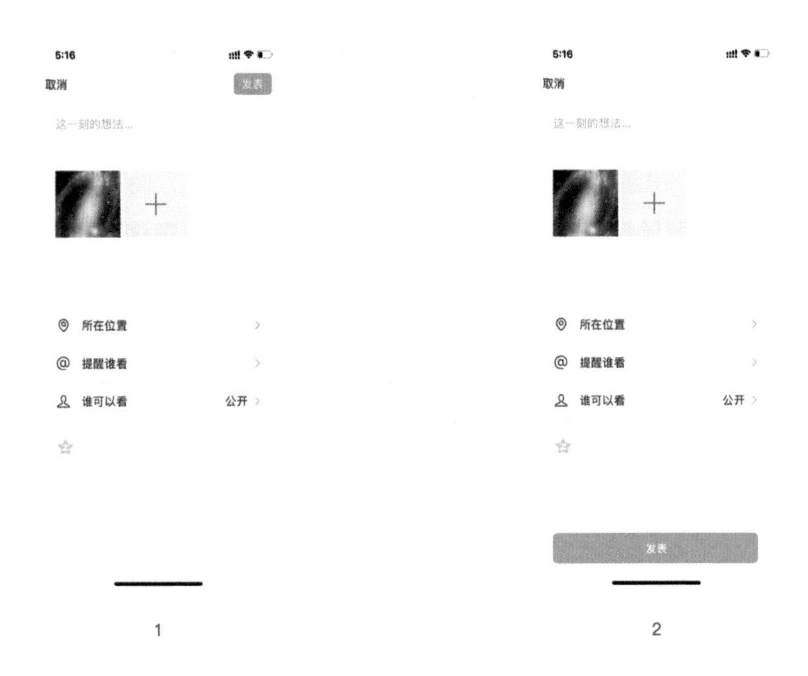

在设计中，设计师应关注用户的实际行为，根据用户的实际行为而做的设计，才是最自然的设计，才能为用户带来最轻松的体验。不过虽说轻松的设计应该允许用户提取不同的 affordance ，但这也并不意味着同一个功能的用法越多就越好，按钮一定是用于点击的，并不会因为附带了多个功能就变成了更好的设计，affordance 的多少也并非衡量设计好坏的标准。而设计的属性（包括它的功能、形状、颜色等）与用户的实际行为之间形成适当的引力，触发用户自然而然的动作，才是设计师在设计的过程中应该关注的重点。

吉布森并非设计师，他所提出的 affordance 也并非为解决设计问题而生，但 affordance 的概念对设计来说非常适用。网络上有很多关于 affordance 的解读，每种解读彼此之间都存在着一定的差异。事实上，吉布森在提出视知觉论后没多久就去世了，大家再去解读这个理论时就只能借助相关图书及其他资料了，所以经过不同的人的认识加工，其本身的含义或许已经有所变形，包括本文的解释也可能与 affordance 原本的含义有所偏差，但这丝毫不影响它对设计的作用，所有人都从这个概念中提取了符合自身职业的用途，从这一点来看，也正符合了 affordance 不分主次的这个概念。

2. 什么是简约，如何做到简约

产品设计的简约性一直是用户的通用诉求，也是打造轻松体验的关键部分。

在一定程度上，越是简约的设计就越让人容易理解、便于记忆、感到轻松，这是一个无须再次验证的事实。尤其是在信息增速失衡的互联网环境中，简约的设计变得尤为重要。

但有些时候，我们对简约的理解仍然存在一定的误区。说到简约，我们往往还是最先联想到形式上的风格体现，而这样的视觉风格又经常会被误解成迎合用户品味或彰显个性的手法，认为简约设计是为了让产品显得更加高级、更清新脱俗、更适应年轻人的品味。不可否认，我们生活中的设计产物确实会给设计师或用户带来这样的感觉，那些受年轻人喜爱的产品往往都很简约，如宜家家居的设计、无印良品的设计和苹果手机的设计，这就造成无论是设计师还是用户往往都会把简约与品味的心理追求联系在一块。但若是这样理解，简约在设计中也就成了追求人们偏好的东西，我们刻意去套用简约的风格来迎合目标用户的品味偏好，这样就会使一些简约设计让用户在使用上“很不简约”，这也就脱离了简约的初衷。

简约不只体现在形式风格上，也不是为了迎合某类用户的品味。大家之所以喜爱简约的设计，是因为轻松地使用产品是用户的基本诉求。事实上，产品功能越复杂，就越需要简约的设计来平衡；周围环境越复杂，人们就越喜欢简单的事物。在当前信息超载的时代，简约的设计可以在一定程度上减少用户视觉与思考上的压力，进而起到调节产品与用户之间引力的作用。

人们喜爱简约设计的两个背景

产品功能越复杂，就越需要简约的设计来平衡

周围环境越复杂，人们就越喜欢简单的事物

多数设计师很清楚简约在设计中的重要性，也期望能产出简约的设计，但在现实工作中，仍然会把产品设计得复杂、难用。

首先，设计师会期望通过一些技法来彰显设计的专业性，以此来提高专业的壁垒，也会刻意地在设计中表现一些专业技法，如为一个元素增加炫酷的动效，或者把界面中的每个元素都刻画得饱满有力，试图通过这些技法来刺激用户，让用户觉得这样的设计看上去是多么的专业、优秀。这样的设计虽然可以给用户带来强烈的视觉冲击，但也变相地把一些本不该属于用户的信息强加给了他们，令其整体使用感受变得复杂。实际上，在设计的表现上，不去刻意地利用设计技法来刺激用户，才是简约的设计。

其次，在进行设计时，设计师会对某处设计的表现情况充满疑虑，会担心一些描述表达得不清晰，用户不理解，或者担心用户不喜欢等。当设计内部对此存在不确定看法的时候，产品功能就开始变得越来越复杂了。设计师要么开始不断地为本来简单的功能增加更多的解释或限制，要么直接发布两个版本的方案让用户自己选择。这些多余的信息由于设计内部的不确定性而全部抛给用户，也让本来简单的功能变得越来越臃肿、复杂。而在设计的过程中，让每一个功能更加确定，才是简约的设计。

最后，简约还意味着规律性。我一直认为设计的职责就是把没有规律的元素变得更有规律，把复杂的规律梳理成更简约的规律后展示给用户。有规律的东西总会表现得更简约，而没有规律的东西，即便只展示了很少的信息，也会显得复杂、令人疑惑。

造成设计复杂的3个因素

刻意彰显技法

缺乏确定性

缺少规律性

以上 3 个因素是造成产品复杂、难用的关键因素，也是让设计简约面临的不可避免的挑战。从另一个角度来看，这些设计也都是设计师试图（或无意地）去强行刺激用户所造成的，无论最后的结果如何，其都失去了简约的本质，因此用户在使用产品的过程中也就不会感到轻松。Affordance 所定义的是环境提供给人 / 动物的价值，而发现其价值应该是由人 / 动物的实际行为所决定的，如果把这一点运用于设计上，那就是设计不应该去强制规定用户的实际行为，而更应该去捕捉其自然的行为，由此而进行的设计才是更合理的，也是最简约的。

3.1.2　更高效的操作

在生活与工作中，我们每天都在使用很多的工具，如我们可以随时用手机记录想法、拍照或与他人快速沟通。如今我们每天所完成的任务量比几十年前要大得多，但其实每个人的能力在本质上与多年之前并没有太大的差别，之所以效率提升了，正是我们所使用的工具变得越来越高效。而我们当前所使用的绝大部分的互联网产品从本质上来说也算得上是某种工具了。

轻松的体验可以让用户在使用产品时感觉更加自然、舒适，而衡量一款产品是否实用则取决于它是否可以帮助用户提升生活或工作效率，设计作为互联网产品的一部分，自然也就无法脱离使用效率的指标考量。一个好的设计应该尽可能地让用户高效地完成任务，而不应该去“俘获”用户更多的精力与时间。

1. 如何缩减使用路径

在前文中，我们曾谈及用户停留时长的问题，一方面停留时长作为“设计引力”的正向指标，代表着用户对产品的依赖程度，但占用用户过多的时间也会给用户带来一定的使用压力。另一方面，停留时长与功能的使用效率也是密切相关的，一个高效的产品应该帮助用户以最短的时间完成任务。比如，一款通信类产品，它一定可以让用户更快地完成沟通，其他工具亦是如此。使用效率在设计行业中经常被提及，设计师明白用户的使用效率很重要，不过大家并未真正把这一点作为设计方案的一个考量标准，大部分设计师只是把使用效率当作一句口头禅而已。

登录流程是大部分产品都有的基础流程，我们也都有过忘记密码的经历。在这种情况下我们就需要去点击“忘记密码”按钮，经过系统的系列验证后进行修改密码，当密码被修改成功后，系统会返回到登录界面，然后我们再次输入新密码即可完成登录。这是一个看似很普遍的流程，设计师在设计时自然也无须多虑。修改密码的最终诉求是为了成功登录。这样看来，在修改密码后需要重新输入刚修改过的新密码就成了一步冗余的操作，可以省略而改为自动登录，这样使用效率也会有一定的提升。或者说，用户经过了一系列验证，系统已经允许其修改密码了，也就意味着系统给予了该用户登录权限，那么是否可以让用户先行登录，再咨询用户是否需要修改新密码呢？这样或许已登录成功的用户对“修改密码”已经没有了诉求，如此就能更加高效地满足用户的诉求了。

普遍的忘记密码后的登录流程

登录失败 » 忘记密码 » 身份认证 » 修改密码 » 返回登录 » 输入新密码 » 登录成功

提高登录效率的流程

登录失败 » 忘记密码 » 验证身份登录 » 登录成功 » 是否修改密码

在能达成用户使用目的的前提下，尽可能地减少其中的操作步骤，这可以在一定程度上提高用户的使用效率。可以让用户在一个界面内完成操作，就不应该跳转到另一个界面操作后再返回；可以点击输入完成的内容，就不应该让用户使用键盘再进行输入;可以默认帮助用户完成的内容，甚至不必出现在用户的视线内。

比如，一些在线文档工具的实时保存功能就是一个很好的案例，用户无须注意它的操作，也不需要去考虑该何时保存内容，这样就可以把更多的注意力集中于编辑的内容本身。不过，在考虑自动帮助用户操作的设计时，必须考虑到这项操作是否为用户的普遍诉求，以便不让设计出现“帮倒忙”的情景。

××文档中的实时保存功能

用户无须注意它的操作，也不需要去考虑该何时保存内容，这样就可以把更多的注意力集中于编辑的内容本身

2. 顺畅度对效率的影响

降低产品使用的复杂度是提高用户使用效率的重要因素，除此之外，产品使用的顺畅度也是使用效率不可避免的问题。在设计中，打断性的内容应慎重使用，因为在很多情况下，这不仅会增加更多的理解成本，还会使用户的注意力被分散，产生更多与当前操作无关的想法和动作，进而影响整体的使用效率。

“新手引导”蒙层就是一种打断性的设计，当用户首次打开某个产品时，大量的引导与教程经常会扑面而来，并夹杂着一些营销信息，而在大部分情况下，用户往往都会快速关闭这些打断性内容。这些“新手引导”不仅无法起到该有的作用，还会打断用户的当下操作。更重要的是，当用户在一段本该流畅的使用过程中被打断后，其注意力也会被分散，这时候再重新把用户的注意力聚焦回之前的任务上，是需要一定成本的，就好像一辆正在高速行驶的汽车频繁地被公路上的障碍物所阻挡，影响行驶时间的其实不仅包括挪开障碍物所用的时间，还包括汽车刹车与启动的时间。

打断操作对使用效率的影响

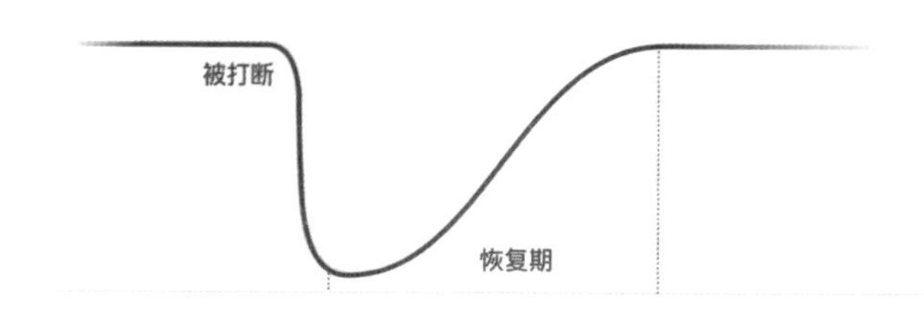

这种打断性的内容在互联网产品中非常常见，因为它直接、粗暴，能够比较强烈地传达产品的倾向性。比如，当用户退出类似订单这种业务重点场景时，经常会被“不再考虑一下吗？”之类的信息拦截，甚至一些产品还会把弹窗的“确认”与“取消”按钮偷偷调换位置以让用户无意点错。这种操作打断的意义并不大，移动端的“返回”按钮在一个比较难触碰的位置，不大会出现误触碰的情况。当用户选择退出的时候其实已经有了明确的目的，就算他们后悔，在上一个界面依然可以原路返回，这个时候就不应该再去做无谓的打断了，这只会给用户带来多余的操作而已。

无意义的打断

移动端的“返回”按钮在一个比较难触碰的位置，不大会出现误触碰的情况，当用户选择退出的时候其实已经有了明确的目的，就算他们后悔，在上一个界面依然可以原路返回

3. 越统一就越高效

在《设计的生态学》一书中作者提到过这样一个行为实验：实验人员请来一些 4 岁左右的小孩将鸡蛋打破，结果竟发现有的小孩像掰馒头一样，想用手把鸡蛋掰开。用鸡蛋磕碰硬物令其破碎这样常规的动作，如此看来仿佛也并非简单易懂的事，但如果有的小孩之前有打破杯子的经验，就会把这种破坏物体表面的经验应用到打破鸡蛋上，进而推理出打破鸡蛋的动作。

在这个实验中，打破杯子和打破鸡蛋之间的关系证明了一致性对行为的影响，人类会通过类似的行为总结出的经验去应对未经历过的事情，但前提是这些行为之间要存在一致性。

保持设计的一致性可以让用户潜移默化地发现产品中的互动规律，进而降低学习成本。比如 iOS 的子层级提供了左滑退出的快捷操作，一旦用户知道了这个操作，在其他场景就会使用这个方法进行退出。一些产品所涉及的功能众多，一个产品内存在数百个界面是很常见的现象，这么多的使用场景，若其中无规律可循，将会给用户的使用带来极大的困扰。

iOS 中的侧滑返回

一旦用户知道了这个操作，在其他场景就会使用这个方法进行退出

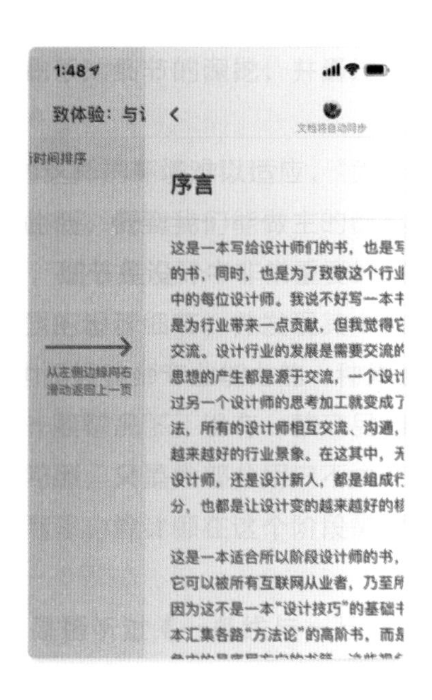

一致性是设计的基本原则，但这并不是一个绝对的原则，我们往往过于谨慎，会担心稍不注意就破坏了一致性原则，设计将变得不够完美了。其实也并非所有场景的设计都需要绝对的统一，有些时候过度地坚持设计的一致性原则，反而会给用户带来一定的疑惑。在一款产品的设计中，除了对一致性原则的把控，

还应该判断适用于差异性的具体场景。如此才能让产品的表现更加协调、好用。

使用效率是行为维度设计中的重要因素，也是用户对产品的通用诉求。不会有人抵触高效的工具，但值得注意的是，效率的提升不应该以牺牲任务结果的质量为代价。任务的结果是否符合预期仍然是用户最关注的内容，设计师在设计时，任何提升效率的方案都应该建立在结果符合用户预期的基础上，只有这样的产品才算是一款真正高效的产品。

3.1.3 更符合预期的结果

1. 结果是衡量行为的基准

首先，用户在使用某一款产品时，都会带着一定的行为目的。比如，对于大部分人来说，使用一款社交应用的行为目的就是与他人进行沟通，或者说参与某种沟通；使用一款图书类应用则是想阅读图书。产品的设计师应弄清楚用户的行为目的是什么，如果产品的用途无法对应用户想达成的目的，用户就不会对这款产品感兴趣，产品也就失去了价值。用户在使用某一款产品时，其目的是否被满足是其最关注的问题，而产品使用过程中的轻松或高效也要建立在能够达成其目的的基础上。

同时，每款产品所对应的整体行为目的都是由多个子目的组成的，用户的整体目的或许会比较抽象，但拆分后的子目的则会显得更加具体。阅读图书是用户使用图书类应用的整体目的，但是阅读什么书、怎么阅读、阅读的过程中又可以做些什么等，则是使用图书类应用的多个子目的。不同层面的行为目的会随着产品的复杂程度不断向下嵌套，直至最简单、直观的操作目的。当然，如果产品可以做到一步就达成用户的整体目的，用户也就无须执行其中的过度操作了，但这是一个理想的状态。

整体来看，即便在用户与产品相互协作的前提下，让使用结果达到用户的预期也并非一件简单的事情。很多时候，用户的行为目的并非那么显而易见。在功能投入使用前，设计师很难预测到功能的实际用途，甚至连用户也无法确定自己是否需要它，以及会用这个功能来做什么。在一般情况下，用户真正的行为目的需要在遇到问题与解决该问题的功能一同出现在眼前时，才会被触发而映射到脑海中。这种触发条件的偶然性让用户的行为目的无法完全通过用户调研而获取，它需要设计师对用户行为痕迹进行不断的观察并结合一定的推断，才能得到一个相对准确的答案，这也是设计师捕捉用户行为目的的难点。

其次，用户是否可以达成其目的，也会受到思考与操作成本的影响。那些复杂的、低效的操作是阻碍用户达成预期结果的重要因素，尤其是在互联网产品复杂且新颖的产品形态下，这个因素就变得更加明显了。设计中每一步操作的增加和信息的累积，都会影响单个任务的完成率。在设计时，设计师必须在可以让用户达成目的的情况下，尽可能地降低功能操作的成本，否则用户的预期结果也将很难达成。

最后，不同的用户群体对同一款产品的行为目的也可能存在差异性，这些差异性甚至会让用户对功能的理解产生截然不同的想法。对于一个图书类应用来说，有些人的目的是阅读图书，而有些人的目的是看朋友们的阅读图书动态，也可能有些人的主要目的是分享与交流读书心得。一个图书类应用的用途可能会有很多，而由于目的不同，这些用户使用产品的过程也可能不尽相同。对于以阅读图书为目的的用户来说，往往期望可以更加投入于阅读图书本身，其他干扰因素越少越好；但对于以分享与交流读书心得为目的的用户来说，则会更加关注产品的社交性。这些不同的诉求往往没有好坏之分，都是设计师应该考虑到的因素。

影响结果达成用户预期的3个因素

具体来看，用户在使用产品时的具体操作结果也是设计师应该重点关注的

内容。这些具体操作的完成是用户使用产品的直接任务，也是帮助用户达成整体目的的必要路径，系统必须把这些任务的处理结果实时同步反映给用户，以便于用户再做接下来的抉择。而系统如何把这些任务的处理结果反映给用户，就是设计中的反馈。

用户与产品的互动过程

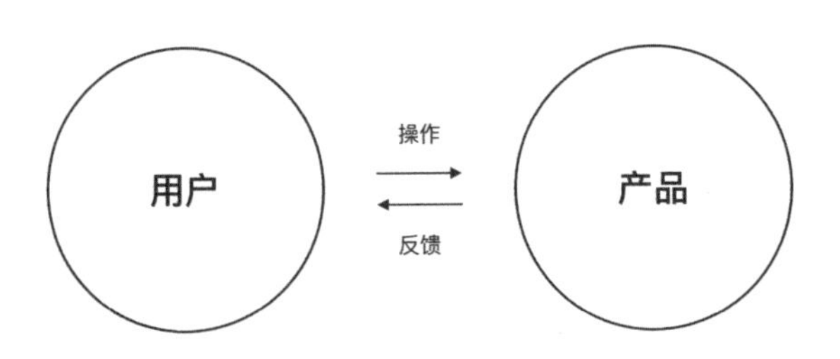

2. 符合预期，而非“超出”预期

设计的反馈存在于产品的任何使用场景，有效的反馈可以让用户了解当前任务的进行状态，对将要发生的事情有所预期。

在电脑或手机上向他人转账是一件应该让人谨慎的操作，因为一旦操作错误就很难挽回损失。在转账时，填错金额是很常见的一个现象，尤其是在进行大额转账的时候，稍不留神就会在位数上填写错误，我们很清楚填错金额带来的后果，虽然我们会消耗很多精力在数字上反复核对，以确保数字准确，但填错金额的情况还是会时有发生的。或许大部分人都会认为这种现象的出现是自己不够谨慎所造成的，会责备自己糊里糊涂，没仔细确认金额。可现实真的是这样的吗？重复的数字很容易让人看错，数字位数所对应的具体金额也并非直观可见。每次在输入数字之后，用户都需要查清数字位数。这样看来，简单的数字填写，在操作过程中也会占用用户较多的精力，若当用户所在的环境存在干扰因素，如正在与他人谈话、处于一个嘈杂的环境中等，用户的精力还会继续被分散，如此也就更容易造成金额填写错误。一些设计合理的产品在此处操作察觉到了问题点，通过反馈让数字位数变得更加直观，在填写数字超过一定位数之后，则在对应的位置反馈千、万、十万等提示信息。这既帮助了用户更快地在脑海中勾勒出直观印象，也让该场景的使用更加轻松，同时还可以避免用户填错数字位数。

转账金额的反馈设计

在填写数字超过一定位数之后，则在对应的位置反馈千、万、十万等提示信息。这既帮助了用户更快地在脑海中勾勒出直观印象，也让该场景的使用更加轻松，同时还可以避免用户填错数字位数

反馈设计的主要作用是帮助用户更清晰地理解当前的任务状态，把原本模糊、复杂的事物描绘得更加简单。在设计时，设计师经常会觉得互联网产品的反馈是为了把系统的一些运行状态反馈给用户，让用户知道系统的工作状态，比如网络异常、正在加载、加载完成等反馈。当然，把系统运行状态清晰地描绘给用户是反馈设计的基础作用，当前已经很少有产品设计做不到这一点了，而把需要执行的任务状态以更加清晰、直观的表现方式描绘给用户，则是反馈设计另一个层面的作用，上述转账金额的反馈设计正是用户任务状态的反馈体现。

设计中的两种反馈

把任务状态以更加清晰的形式反馈给用户，有时候只需要增加一个字的提示，就足以让用户更好地使用产品，也符合用户的心理预期。相反，那些不符合预期的反馈则会给用户带来负面的感受，我们都很讨厌一步步诱导人们分享的产品或活动，因为我们最初认为分享一次后就能得到的东西其实在分享后并没有得到，这些功能会像“套娃”一样，让用户一步步分享下去，这种被“套路”后的感受就是不符合预期的反馈的一种极端体现。这种不符合预期的操作反馈

在很多产品中时常可见：一些产品在用户刚完成某个任务时，会出现一个很大的红色“分享”按钮来鼓励用户分享；用户在完成一项任务后引导其去做一个新的任务；推荐一个用户更喜欢的商品，其目的是尽可能地占用用户的更多资源或时间，而用户完成一项任务时的预期多数只是“完成”而已，这些反馈中额外的“惊喜”也正是让用户产生压力的重要原因。

优秀的反馈设计应该是符合预期的，它既不应该是未达预期的“糟糕”，也不应该是超出预期的所谓“惊喜”。当我们在一个界面上点击了一个任务的“确认”按钮后，那么接下来的反馈就应该是操作完成；当我们完成的是一项比较重要的任务时，其反馈就应该给用户一种与该任务相匹配的感受。iOS 11 应用商城的安装成功反馈就是一个很好的案例，当应用安装完成后，界面会发生状态变化，同时手机会轻微颤动并伴随“叮”的一声完成反馈，视觉、触觉和听觉共同触发，让人感到非常踏实。

相反，如果一项操作是比较轻量的任务，其也应该给人一种比较轻量的反馈。

iOS 11应用商城的安装成功反馈

当应用安装完成后，界面会发生状态变化，同时手机会轻微颤动并伴随“叮”的一声完成反馈

反馈在产品中作为一个关键节点性质的因素，它与我们前文中所探讨的轻松思考和高效操作相辅相成，共同作用于行为维度体验。下面这张图解释了行为维度设计中这 3 组因素的关系。假设完成一个任务需要经历开始、过程和结果的固定流程，首先当用户开始使用产品时，主要面对的问题是对产品功能的理解，这个时候设计师应该更多考虑到其在思考方面的轻松；其次当用户具体使用产品时，设计师主要应该考虑到产品操作的效率问题，以占用用户更少的时间；最后当用户完成操作时，设计师应该尽可能地保证其结果符合用户预期，以此使用户有一个好的行为维度体验。

整体来看，每个产品的使用过程由多组任务组成，其拆解后的任务同样遵循着开始、过程、结果这样的流程。当然，在用户实际使用产品的过程中，并非区分得如此明确，很多时候，一个结果的完成同样可能是另一个任务的开始，同理，思考方面的轻松同样可能会作用于操作的高效上。轻松的思考、高效的操作和符合预期的反馈，三者在行为维度设计中相互协作得非常紧密，缺一不可。

产品整体使用流程

3.2　情感维度设计

情感维度设计主要考虑的是用户的心理层面，与行为维度有所不同，情感维度更多源于用户使用产品时的主观感受，而这种感受甚至会影响用户接下来的行为。为人所用的产品都应该考虑到情感维度的设计，正如日本的两位学者黑须正明和鹿志村香研究的形形色色的自动取款机，即便它们拥有完全相同的功能，不同的视觉感受也会让试验产生截然不同的结果。情感维度设计并非单独的解决产品外观问题，而是在用户与产品之间建立情感连接。

如何在一款产品设计中融入情感，这并不是一个容易回答的问题。一般来说，情感本身不是一个“无生命”的产品的属性，而是动物特有的属性。人们之间的互动之所以能够产生深刻的体验，正是因为人们有着复杂的情感系统，曾经付出与接受了的情感会让我们拼尽全力去维护与他人的关系。这种情感有着坚不可摧的能量，并影响着我们的实际思考方式。

如果把产品看作一位朋友，那么这位朋友也应该懂我们的心思，并且有自己的性格及与我们有密切的连接。只有这样才能让产品与用户建立情感的连接。另外，即便我们每个人都有与生俱来的感情系统，但真正能让彼此建立起如此深刻的情感也并非一件易事。那么，如何让本无生命的产品与人之间建立这种情感，则是设计中更复杂的一项挑战，即情感维度设计。

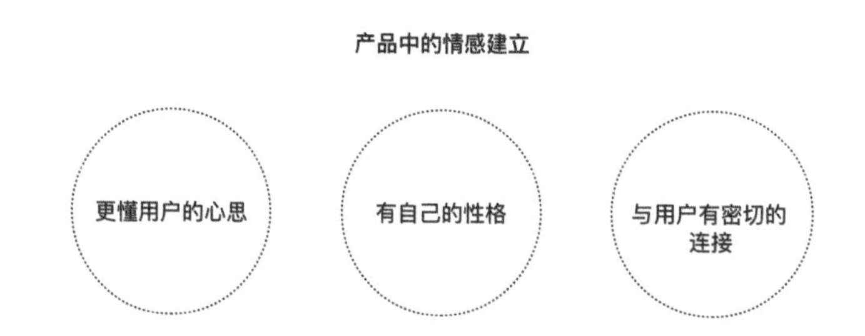

3.2.1 基于用户情感的设计

每个人在使用产品时都有自己的主观感受，这种感受在我们初次接触产品时就会建立。无论承认与否，我们在使用任何产品时都会受到主观感受的影响，以至于越喜欢的产品就越让我们觉得它哪里都好，包括它的功能、外观及它背后的设计团队，在一定场景下，甚至其缺点都会变得异常优雅。这就是情感在产品设计中的魅力所在。

有情感的设计会像贴心的朋友一样，懂得用户的感受。在正常情况下，设计应该强调产品给用户带来的正面情绪，如愉悦感、成就感、安全感等，尽可能地弱化产品所带来的厌恶感、挫败感、焦虑感等负面情绪。另外，当有需要引起用户谨慎的情况时，设计也应该唤起用户的负面情绪以引起足够的关注与重视。

1. 美感带来的心里愉悦

美感是人们对产品的主观感受，一款优雅的产品就好像一位长相出众的朋友，即使相同的交谈内容也能更容易让人感到心情愉悦，而这种心情愉悦足以让人忘记这位朋友身上的一些小缺点。

那么，是什么决定了我们的产品可以让人觉得“长相出众”呢？这是一个系统性的问题，受到众多因素的影响。

在行为维度的内容中，我们曾提到“简约”，即不刻意彰显技法、有确定性、有规律性。这样的设计在行为维度中可以让用户更轻松地理解内容。同时，它在设计美感中也起到了至关重要的作用。

人在主观上认为越需要或越稀有的东西，越会使其产生美的感觉。这一点在很多场景都有所体现，如餐品中用较大的餐盘摆放较少的食物、艺术品中用较大的布景衬出较小的画作，其余空间均直接留白，这些都是在固定的空间内增加内容的稀缺性，进而达成视觉上的美感。

餐品中摆盘的留白

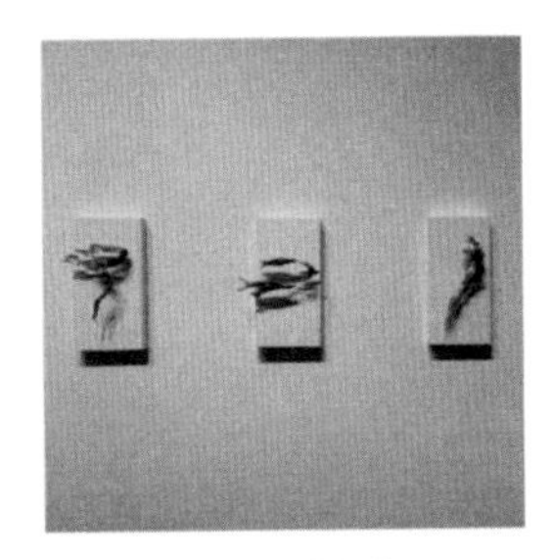

艺术品中的留白

在产品设计中，增加空间的留白，控制内容的占比，同样有提高设计美感的作用。如下图中的“夸克浏览器”和“微信读书”，就是在界面中较为大胆地留白，营造出了很强烈的视觉美感。

“夸克浏览器”中的留白

“微信读书”中的留白

除此之外，拥有不同文化背景的人也拥有不同的审美倾向，以及产品细节的深入度也能带来设计的美感。这两点我们将在 3.2.3 节“带有情感的设计”与 3.3.2 节“表现形式中的细节”中进行详细的探讨。

当然，美感并非衡量设计好坏的唯一标准，一个设计的好坏需要结合行为、情感、细节 3 个维度，美感也只是情感维度中的一个方面。而且，每个人对于美感的定义也有所差异，一般都会认为自己的审美更高一阶。所以，即便“简约”如今已是一个行业基本共识的审美方向，但在不同团队中也不一定能够被所有人认同。

在这样的背景下，团队核心需要解决的其实并不是审美的高度问题，而是共识的问题。美感在产品中的优先级到底如何？占比为多少？在特定的产品中，什么方向的设计才是具有美感的？若是缺少了这些衡量标准，就没有办法在讨论中得到一个大家都满意的结果。这是团队第一步需要解决的问题，而具体怎么做才能达到这样的标准，则是我们第二步需要考虑的问题。

2. 成就感与挫败感

心理学中的“损失厌恶”理论解释了人们对损失的感受冲击要远大于同等收获所带来的满足感。在《思考，快与慢》一书中，作者丹尼尔·卡内曼（Daniel Kahneman）对此概念阐述为：“当我们对盈亏进行直接比较或权衡时，亏似乎比盈影响更大。积极和消极的期盼或体验之间的力量不对称状况由来已久，将各种威胁当成‘危’而不是‘机’的有机体的存活和繁殖的概率更大。”

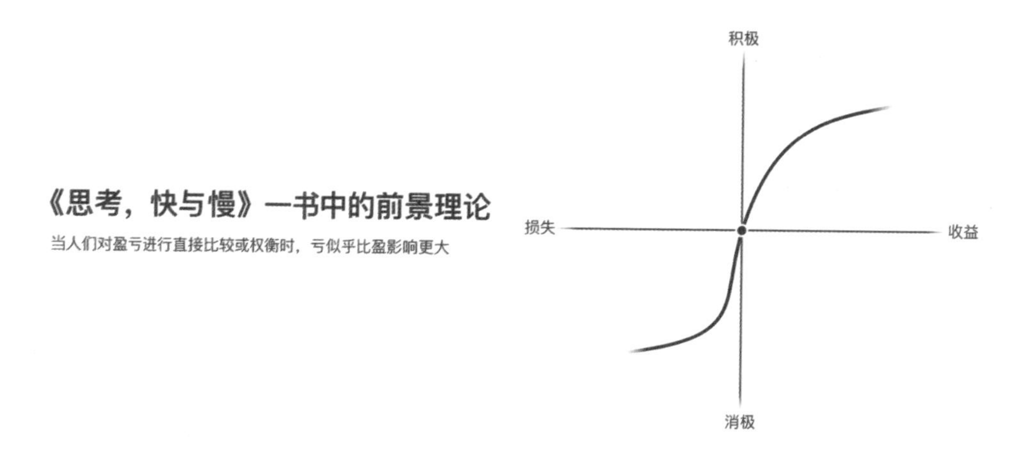

“损失厌恶”现象在用户使用产品的过程中同样存在。正向的操作结果可以带来成就感，类似于盈亏中的“盈”，而负面的操作结果就会带来“亏”的感受。

人们在使用产品时多数是喜忧参半的，既有操作失败的情况，也有顺利完成的可能，产品则应该在一定程度上调和用户的喜忧感受。就好像一位与我们相处融洽的朋友，当我们取得一定的成绩后，他会在成绩以外给予我们更多的鼓励；而在我们感到挫败时，他则会尽可能地安抚我们，让我们觉得虽有损失，但还存有一丝暖意。

近些年，互联网产品已经越来越少地出现亮红色的“错号”反馈了，取而代之的是偏弱一些的“叹号”。一些重视用户体验的产品甚至很少出现弱化的“叹号”，并且在所有操作上都引导用户顺利地完成任务。

如此看来，这些错误的反馈确实会带给用户过于强烈的挫败感。这虽然是一个比较细微的优化，但也足以看出细心的设计师对用户面临挫败感状况的关注。

弱化错误反馈

错误的反馈确实会带给用户过于强烈的挫败感，在常规情况下，应尽可能地以温和的态度向用户传达信息

此外，成就感则是鼓励用户完成任务的重要因素，获得成就感也表明用户得到了认可，这种正向情感应该在设计中得到适当的强化。在产品中，用户每达成一个目标都会产生一定的成就感，把这些细微、琐碎的成就感以更加直观的载体传达给用户，就是强化成就感的具体表现。比如，通过时间或精力在产品中积累而来的等级，或者通过努力获得的勋章等，这些成绩的表现形式虽是虚拟的，但其背后所代表的投入很真实，可以给用户带来直观的成就感。

在互联网行业中，这些功能通常被称为“激励设计”，或者被称为“成就设计”。

成就设计与行为维度设计中的反馈比较类似，都是一种结果状态的表现，不过行为维度设计中的反馈主要是帮助用户完成任务，而成就设计则更多作用于用户情感上的满足。值得注意的是，成就设计给用户所带来的满足感会伴随着获取难度的降低而逐步递减，越是轻而易举取得的成就就越不容易感到满足，这一点也很符合经济学中的边际递减效应。

越是轻而易举取得的成就就越不容易感到满足

边际递减效应对成就设计的影响

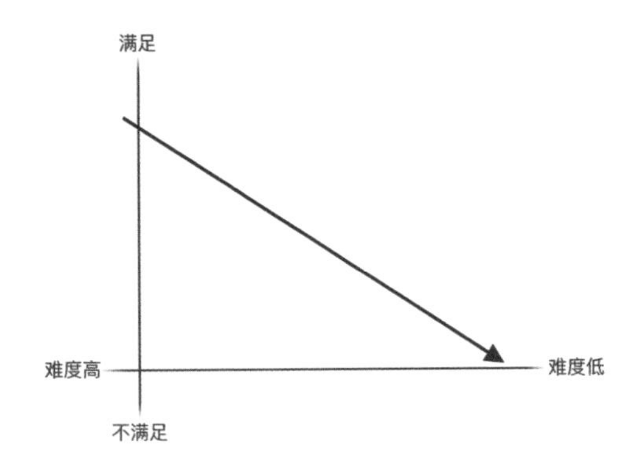

若从此角度来看，也就能够理解微信朋友圈为何把点赞这样高频的操作“深藏”起来了，对内容发布者适当增加获取成就的难度，可以提高其获得后的满足感，这就是交互对成就感的一种调和吧。

被“深藏”起来的点赞

对内容发布者适当增加获取成就的难度，可以提高其获得后的满足感

一些带有社交属性的成就设计比较复杂。一方面，一部分用户的成就感可能会给其他用户带来挫败感？这种现象在排行榜功能中比较常见，虽然排名靠前的用户充满成就感，但对于排名靠后的用户来说就会给他们带来一定的负面情绪冲击。与此相比，勋章的形式则要更人性化一些，相同场景，勋章收集少所带来的挫败感则明显比排名落后要轻微得多。另一方面，成就感会带来一定的社交压力。我们很在乎别人的认可，因此会花费大量的精力去维护我们发布

内容的阅读数、点赞数或评论数等，这些数字虽然代表着他人的认可，但也会让我们在使用产品时产生压力，我们担心自己发布的内容被冷落，以至于会紧张、焦虑，这些负面情绪容易让人感到疲惫。仅仅点赞数这样简单的成就设计就如此让人费心，若产品再加强这种成就的概念，那后果真的很难令人想象。

3. 趣味性与逻辑

用户需要有趣味性的设计，这一点毋庸置疑。因为有趣味性的产品除了可以满足使用，还额外赠予了用户一种轻松、愉悦的情绪感受，这种感受对用户来说非常重要，就好像一位幽默的朋友，有些时候他的话术哪怕没有那么认真、严谨，但仍然会让人愿意与其交谈（当然，不同产品属性及不同使用场景所匹配的趣味程度占比应有所不同）。

很多有趣味性的设计一旦认真起来就会变得索然无味。手机 QQ 信息提示的小红点删除操作很有趣，它居然可以被拖走清除，还附带一些弹性效果。但如果稍微认真思考就会发现，这似乎不太合乎逻辑，小红点是一种信息提示，为什么信息提示可以被拉伸变形？这种拉伸又表达了什么含义？可以拖曳变形为什么就显得有趣？变形和趣味性又有何联系？另外，新消息可以被拖走的好处是什么？如果为了操作效率，那又为何不增加一个一键清除的按钮？当把这些疑问全部认真思考一遍后，或许方案本身的趣味性就被抹杀了。

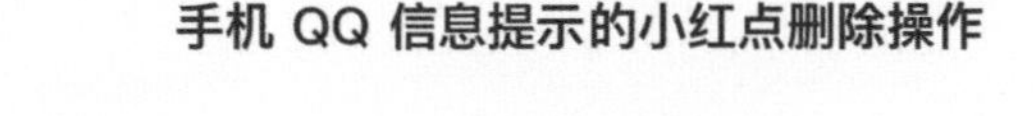

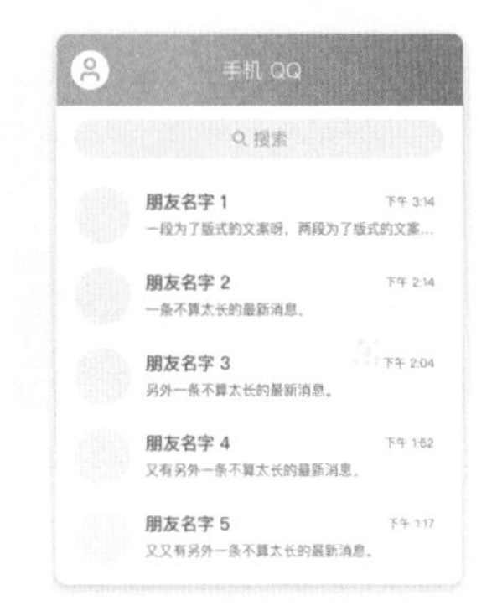

在现实生活中，向朋友解释笑话是一件非常痛苦的事情，因为绝大部分的笑话之所以好笑，正是因为其本身没有太多的逻辑。就好像“我想要五彩斑斓的黑”这句话中，很难解释客户为何要对设计师说这么一句话，因为不懂设计、不够专业？那为什么不懂设计的人说了一句不专业的话就会变得好笑呢？想一想，如果真的每个笑话都去这样思考，那生活将会变得多么枯燥、无聊。趣味性本身就不可以用正常的逻辑进行解释，而要求把其描述得很符合逻辑这件事本身就没有什么逻辑。

在产品中，如果设计师期望自己的设计富有趣味性，那么必须公然挑战逻辑的严谨性和思路的合理性。但这也并不意味着就可以天马行空，趣味性除了需要反逻辑带来的“意料之外”，还要让人能够感觉到这一切又在“情理之中”，我们之所以觉得某种设计有趣就是这两者之间的矛盾感所引起的，在手机 QQ 信息提示的案例中，信息提示可以拖走清除是“意料之外”，但是“小红点”的形状拖曳产生的拉伸效果就是“情理之中”。

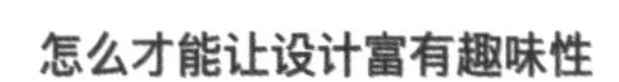

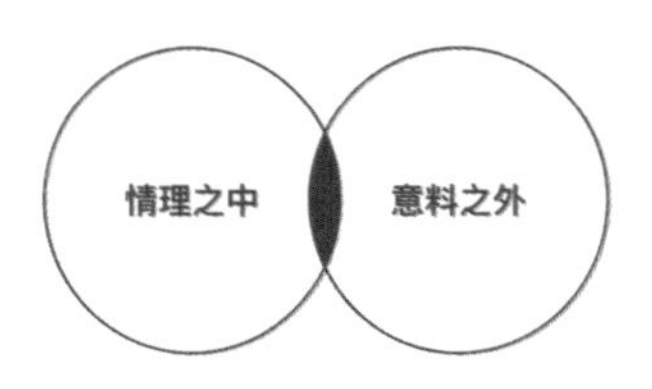

围绕这一点，让我们再来看一个案例，“皮皮虾”的“点赞”功能会根据用户评论内容等因素的变化而改变形态。正常来看，“点赞”是一个固定的功能，不应该随内容的变化而变化，当打破了这个认知时，就会给人一种“意料之外”的感觉。同时，改变了的“点赞”效果确实又更能表达那一刻的感受了。因此产生了矛盾感，就会让人感觉到有趣。

正常点赞　　“握草”　　汽车

若要产生上述这种趣味性，“意料之外”与“情理之中”缺一不可。很多创意设计会让人茅塞顿开，都是源于这一点，如果它不是一个“情理之中”的事情，就不会有人在乎它有多“意料之外”，而如果缺少了“意料之外”这一层面，同样也不会给人带来太大的感觉。

4. 热情与压力

我国自古以来就很讲究热情，我出生在祖国的东北地区，东北人热情好客，所以我更是从小便体会到了热情的重要性，热情可以拉近人与人之间的距离，但有些时候，过于热情会让人感觉很有压迫感。在现实中，如果我们想与一位朋友舒适相处，或许就应该掌控好彼此之间的距离，不让这份热情给予对方过多的压力。而若要产品与用户之间更加和谐，又何尝不是如此呢？我们生活中的很多设计过于热情，逢年过节时都想尽办法“上门拜访”，让人感到很有压迫感。

在行为维度设计中，我们曾讨论过关于产品与用户之间的引力关系，这种引力关系同样存在于情感维度设计中。请允许我在这里再次重复一遍：如果产品与用户之间失去了引力的作用，其关系就会消失，这时热情一些就会增强这种关系；但当引力过大时，就会给用户带来压力，用户在使用产品时就会感到不适。只有把产品与用户之间的引力控制在一个合理的范围内，才能给用户带来一个舒适的心情。显然，当前市面上的产品很多已经过于热情了。

对于控制引力方面，微信的产品中有一个比较有趣的案例，张小龙在 2018 年的公开课中曾提到：我们在微信中不会用“您”的文案，而是“你”。我们并不需要用一个很尊敬的态度来称呼用户，我们与用户之间应该是一种平等的关系，若对用户过于尊敬，就说明我们可能怀有目的，可能需要“骗”一点什么东西过来。

过于尊敬也可以理解为刻意与用户拉近距离。本不熟悉的关系被如此拉近，难免会让人心生抵触、产生压力，进而开始怀疑其目的。一些产品不会放弃任何一个可以拉近与用户之间距离的机会，逢年过节一定会来问候，没有机会甚至创造机会也要问候。那些在逢年过节就把首页改得花里胡哨的电商平台就是典型的负面案例，虽然显得很热情，但什么样的用户才会期望逢年过节整个产品就换个模样扑面而来呢？既影响识别性，又增加了对其他信息的干扰，同时，这种热情必然会给用户带来一种视觉压力。

亲人过于热情也会给我们带来压力，如那些过年催婚、催生、催工作的亲人，我想这些都是亲人们的热情所致，可也会给被问候者带来很大的心理压力。产品与用户之间的距离从未达到亲人般的亲近，因此产品更应该控制与用户之间的引力，过于热情便是压力，设计在保持温度的同时要与用户保持一定的距离与尊重。

5. 感性、非感性

情感是人们的主观感受，是感性的，而情感维度设计的主要作用则是考虑这些感受，是一种客观观察。很多设计师认为，用户使用产品多是感性的，所以设计师也应该依靠感性来设计。不可否认的是，针对趣味性等情感方面的设计更应该依赖感性。但更多时候，“设计是感性的”这套说辞变成了逻辑不清晰的借口，有些时候或许也变成了彰显设计的手段，毕竟分析人人都可以做到，但灵感并非所有人都有，而灵感又不需要说出什么道理，是一个成本较低的讨论着力点。

有些设计师坚持认为设计是理性的，也无非是想强调设计的实用性与功利性，让人感觉设计很有商业价值，绝非满足自己而已。或许这种理论也会被用作解释作品的简陋，因为理性的世界中只有对与错，没有美与丑。

设计到底应该是感性的还是理性的？这确实需要视具体情景而论，或许这也正是两者演变成各种借口的主要原因。无论如何，借口都不会让设计变得更好，而利用上这些灵感与思考才会让设计变得更好。

3.2.2 产品的性格定位

好的产品设计需要一定的性格，正如我们的朋友，除了理解我们的心思，他们还拥有独立的性格与态度，这个性格或许也正是吸引我们的原因，而我们对朋友性格的接纳或尊重不也是另外一种情感的体现吗？我们之所以会感到某些朋友安全、可靠，对他们产生信任，甚至依赖，这些绝不是因为他们更会讨好我们，而是相信他们在某个领域的思考更加全面和深入。对此，我们会接纳这些朋友的一些附加缺点，如他们除了可靠还带有一些倔强或固执，倔强或固执单独来看并非正向性格，但与安全、可靠相互组合就显得异常和谐，正是这些多层面性格才组成一个真实的个体。朋友如此，那么产品也是这样的。

1. 产品性格的两个阻碍因素

产品性格源于思考方式的具体体现。即便同一个功能也会有不同的思考角度，同一类产品也会有不同的风格表现。比如，微信与 QQ 虽然同为社交产品，却演变成了不同的产品形态。而产品缺乏独特的性格，从底层原因考虑就是缺少了这种独特的思考视角。

现实中，每年更新的行业趋势及用户的呼喊对设计师的思考方向产生着极大的诱导性，谁都难免不受其影响。但在这些诱导下如何保持清醒、保持自身对待问题的态度，我想这对每位设计师甚至整个团队来说，都是一项艰难的挑战。

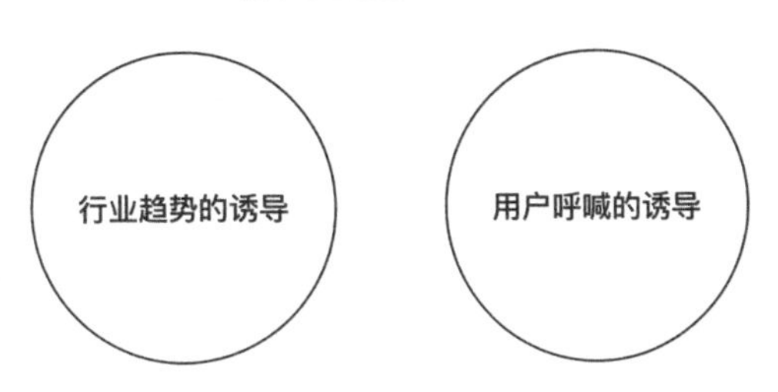

行业趋势的诱导

互联网的行业趋势几乎每年都会出现一些，卷着各类产品跟着跑，当年流行社交时，什么产品都加个好友列表；之后流行一页一张大卡片，右滑喜欢，左滑不喜欢，所有的产品都变了花样地把这种形式加在自己的产品中，我确实搞不清楚在我看房、看车时，让我右滑喜欢的价值在哪里；最近又开始流行短视频，大家应该已经发现很少有产品中没有短视频的功能了。

我们再来看看视觉形式上的趋势，前几年流行各种“大树叶子”，在很多产品中随处可见；现在流行 C4D（CINEMA 4D），那些潮流追求者早已想尽办法在自己的产品中安插这种立体效果了。之后还会流行什么不太好说，但可以确定的是这些形式都和各个产品自身的调性没有什么直接的关联。

这些趋势的产物多数没能与产品找到很好的契合点，就像是一个人硬套了一件尺码不符的潮流衣裳，而自身每一处细节的举动又透露着自己本来的气质。这种违和感就会让人觉得很不协调。

这样违和的案例还有所谓“教育游戏化”，说是游戏化，其实也不是底层内容的游戏化，而是游戏化的外壳加上没怎么变化的教学内容。我经常想：“团队对自身的专业得多么不自信才能想到用这样的方式来迎合用户啊！”这本身就是一种没经过考虑的做法，学生喜欢游戏，但并不会因为一个学习产品长得像游戏就喜欢在这里学习。这样的设计方式“骗一骗”学龄前儿童或许还好，但对于初、高中的学生来说，就只会给他们带来一种表里不一的违和感。

很多产品都在强行地把自己融入行业趋势。仔细想来，如此刻意地迎合某些事情，不正是产品缺乏性格的表现吗？如果按照产品自身的想法，我想它一定不愿如此刻意地迎合这些，就好像人一样，太刻意融入本不属于自己的环境，只会感到尴尬、不适。

用户呼喊的诱导

每款互联网产品都有一定的用户规模，这也就意味着没有一款产品可以满足所有人的口味。所以，产品接收到用户的吐槽与要求是再正常不过的事了，对于用户的这些吐槽与要求，我觉得称其为“呼喊”特别贴切，呼喊是喊出来的声音，比较强烈，但是喊出来的声音即便再强烈，有些时候也并不是心里的真实声音。

我们有很多时候太过依赖用户的呼喊，造成设计缺乏本该拥有的性格。用户觉得设计应该如此，设计师就会按照这样的方向去做，这种情况让用户与产品之间的关系失去了其本来该有的平衡状态。更重要的是，如果设计的动力只为满足用户的呼喊，那么设计也将变得平庸无聊、毫无亮点，在一定场景下，甚至会带来严重的负面结果。

在现实中，每个互联网产品的改版都会迎来一片“骂声”，很少会听到哪个产品改版后获得的称赞增多，即便影响深远的 iOS 7 在刚问世之际也无法避免这些“骂声”，但用户的诉求真的就如他们所表达的那样吗？不可否认的是，互联网的产品迭代机制也确实存在问题，产品一定需要通过大改版来刺激用户吗？现实中人们都会成长，但很少有朋友会对我们的成长而感到不满，或许因为人的成长是循序渐进的，而产品突然的改变，难免会让人感到不适。不过话又说回来，即便在这样的环境下，用户喊出来的不满也并非真的不满，多数只是把暂时不适应的感受通过对某处设计的吐槽来发泄一下而已，待用户习惯后，便会发现新版本的优势所在，而当时发泄的“载体”也就变成了可怜的替罪羊。同理，有些时候用户喊出来的喜欢也并不一定是真的喜欢，或许某个功能刺激到了用户的某种感受，令其感到暂时的惊喜，但当用户稍加使用后，发现该功能的设计很“鸡肋”也说不定。

如此可以看出，用户的呼喊有时候和用户的心声并非吻合。这一点其实很多设计师比较清楚，但当面临用户强烈的呼喊时，往往还很难做到不受其影响。

在设计工作中，行业趋势与用户呼喊对设计师的决策有着极大的诱导性，因为它们是毫无方向的设计中最直观可见的“路标”。不妨让我们试想一个场景：在一片空旷的环境中，地面有着指向标记，很多人朝着标记的方向不断前行，但你不知道前方到底指向何处，这时的你或你的团队还能做到冷静下来思考自己该去往何处吗？行业趋势何尝不是这群人们所引领的？而地面的标记又何尝不是用户呼喊所留下的痕迹？

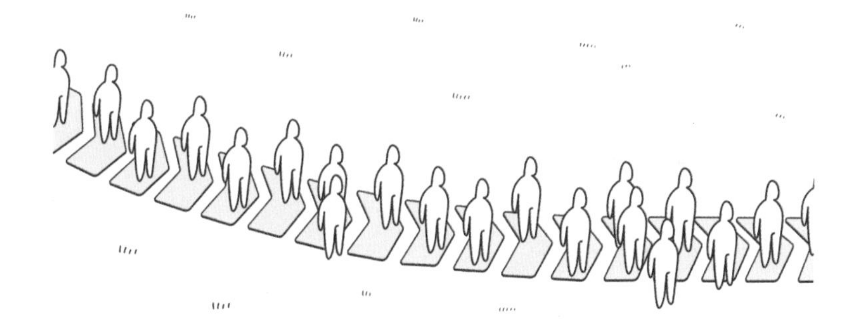

2. 如何让产品性格协调、统一

产品的每处设计应该受性格的约束，否则就会产生多种方向，以至于让产品的性格变得四分五裂。互联网产品设计过程往往需要多角色的协作，所以自然也就经常会产生不同的声音，如果放任这些声音在产品中体现，产品的性格则会变化无常，难以捉摸。

在设计的过程中，能体现正向的产品性格往往更容易打动人，如专业严谨、活力阳光、纯真可爱等。我们会尽可能地给产品赋予这些正向性格，但如果这些调性同时出现在一个产品中，就会让产品的性格显得不太协调。

网易云音乐是一个性格独特的产品，无论是视觉风格的表现，还是文案的雕琢，以及功能和内容的呈现，都有比较统一的调性。视觉风格上的淡雅与“云村、云贝、乐签”这样的文案及功能放在一起就很协调，而若把这样调性的功能放在“知乎”或“微博”上面，就会让人明显感觉不协调。

网易云　　云贝　　乐签

一些性格上的优点有时候会自然附带一定的缺点：如果一个产品是温暖优雅的性格，那就可能让人感到不够严谨、冷静；如果一个产品是热情主动的性格，那就有可能让人感到缺乏距离。另外，一些正向情感之间有时也会产生一定的互斥，如严谨、冷静与简单、直接的性格在表面上看似乎不会产生互斥，但有些时候，仍然会有严谨的产品不够简单，简单的产品又不够严谨的情况。而在设计中，允许这些矛盾的情感自然流露才会让产品的性格展现得更加协调、真诚。

不同的产品性格与设计的好坏不存在必然的联系。就好像人们很难说清楚作为一位老师到底是严厉一些好，还是和蔼一些好。产品的性格也是如此，即便相似的产品，也会给用户带来截然不同的感受，但这些不同的感受在本质上又很难说清孰好孰坏，只是不同产品自身的倾向不同而已。

我们曾在一次用户反馈中发现，用户对产品换肤功能的诉求非常强烈，甚至有用户称若再不支持换肤就去投奔竞品。作为一款面向学生群体的教育类产品，学生有这样的诉求也确实合情合理，为了权衡枯燥乏味的学习环境及青少年对个性化的向往，都会促使学生需要一些这样的新鲜感内容，并且有些同类产品也确实支持了换肤功能。

对于学生群体来说，换肤功能自然有很多好处，如增加趣味性、增加在产品中的归属感等，我们甚至非常功利地想到了这个功能或许是提高设计部门存在感的做法，结合学生的强烈诉求，增加这个功能看似也是顺理成章的事情。但仔细思考后发现这些学生的诉求也存在一些问题，换肤功能在增加了趣味性、新鲜感的同时或许会让一款教育类产品显得不够严谨。此外，不同类型的皮肤也没办法做到与产品本身的调性很好地协调起来，自然会影响到产品本身的调性。而且，教育类产品或许就不应该让学生看上去很好玩才对。我们能够找出更多拒绝的理由，因为这个功能已经开始被团队以非常主观的态度抗拒了。

截至目前，还是有很多产品支持换肤功能的，皮肤类型也越来越多，或许用户还是一如既往地喜欢，但不支持换肤功能的产品其用户也没见减少，支持了换肤功能的产品其用户也没见因此而明显增加，但就是因为这些不同的选择，才让不同产品拥有了属于自己的性格。

产品的性格在一定程度上就是其背后团队的性格，而非团队期望给产品附加的性格，这种性格随着时间的推移会在产品中逐渐展现出来。而团队中的成员随着时间的变化、不断地磨合，便会越来越适应该团队的性格，大家会逐渐趋向一个标准，以至于达成某种没有被强行赋予过的默契，这些默契的性格也自然会体现在产品的性格之中。

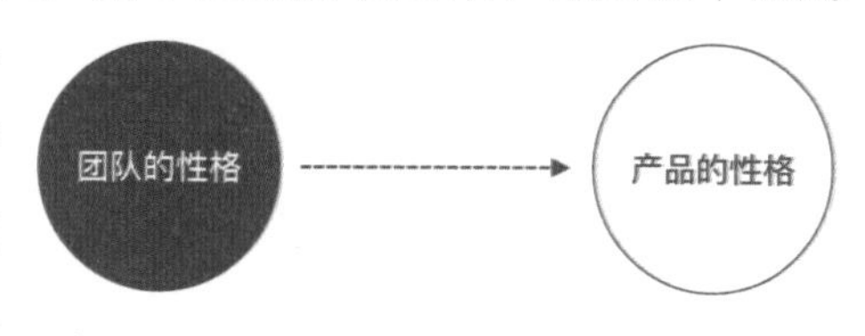

3. 用户选择产品，产品选择用户

不同性格的产品吸引着不同的用户，并且都可以打造出良好的使用体验。但有些时候，产品的性格倾向又会让人感到一些不适，这种不适随着产品中不同类型用户的增多会逐渐展现出来。这时，性格的倾向甚至会成为阻碍产品发展的因素，但从另外一个角度来看，这种倾向或许也正是产品选择用户的自然过程。

在现实生活中，我们通常看到的是用户挑选产品，但其实产品也在时刻地以另一种形式挑选属于自己的用户。产品经过了一段时间的迭代后，总会找到一些与用户之间的默契点并逐渐形成一种最舒适的互动形式，与产品性格不断产生共鸣的用户就会留下，而无法忍受的用户则会离开。在这期间，不断产生共鸣的设计方案也会继续保留，不被用户所接受的设计方案也会被自然迭代。这种自然的筛选让不同性格的产品可以逐渐找到属于自己的用户群体，并让这些产品与用户的关系变得更加和谐、融洽。

用户与产品的双向选择

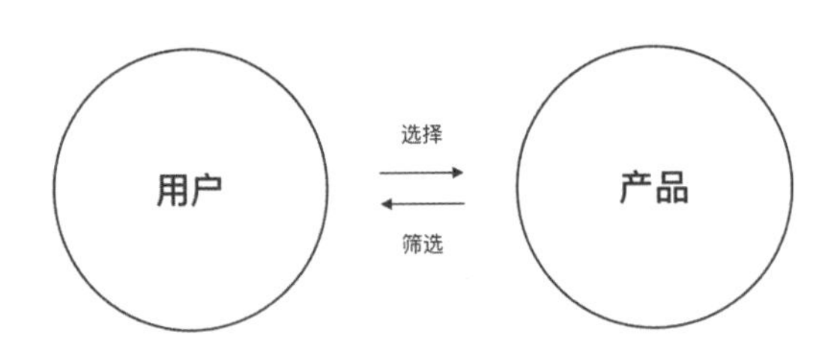

那些试图去刺激所有人情绪满足的产品或许可以得到更快的发展，但同时也会逐渐失去自己的立场，以至于让自己变得“精神分裂”，而一个“精神分裂”的产品自然是无法带给用户舒适的感受的。我们发现，同样是社交类产品，有些产品的用户群体整体显得比较保守、严谨，而有些产品的用户群体则显得更加热情、亢奋，这些用户与产品在某种层面上或许早已融为一体。这种自然的互动从正面来看或许是因为不同性格的用户选择了属于自己的产品，但换一个角度来看，说是不同性格的产品聚拢了符合自身的用户也不为过。而让这些志同道合的人们聚集于此，我想这或许就是产品性格的意义所在。

3.2.3 带有情感的设计

当产品更懂用户的情绪，并在产品自身的性格上也吸引了属于自己的用户时，产品与用户的情感关系就会产生。但这层情感如何变得深刻，或许还需要一定的时间与经历来沉淀，就好像在生活中，我们与一些人虽然志同道合，但也只是一面之交，这种现象是普遍存在的。因为并非所有人都会与我们共同经历难忘的事，让彼此的关系变得深刻，所以即便同路人，也可能因缺少连接而让彼此的情感变得淡薄。产品与用户之间的关系也是如此，只有经过了沉淀与磨合，这层情感才会变得深刻。

1. 基于东方传统文化的情感设计

追求时间打磨出来的情感似乎正是东方传统文化所传承的内容之一，已融入每个人的生活。东方人自古讲究委婉、慢热，喜欢慢慢打磨出来的事物，就好比一本书，刚买来的时候不会给人太多的感觉，但随着翻阅次数的增多，纸张逐渐变得褶皱，以及疏密不一的笔记让书增加了几分厚度，时间久了，纸张开始变黄，书也变得更有韵味了，这时再回头翻阅反倒另有一番滋味。东方人更倾向于这种情感的培养，对人如此，对物也一样。因此，那些没有经历过时间沉淀的情感往往就显得太过直接，不够深沉、厚重。

互联网产品很难让人产生这种情感，或许很大一部分原因正是其频繁地迭代，这种感觉好像每隔一段时间就会变出另一副面孔的人，让人难以建立情感。

不可否认的是，快速迭代是互联网产品的一大特色，产品可以随时让自己焕然一新，可以不断地随着时间而成长，互联网产品基于这个特点产生了太多的优势：它可以让产品实时新增功能，以便给人们带来更多的便利；它也可以不断地给用户带来设计上的新鲜感，让人在使用时不再厌倦；同时它还可以提高产品设计的容错率，给设计师留出较多的试错机会。相比之下，在传统产品中迭代这些内容则要麻烦得多。

快速迭代的机制对产品来说固然有很多便利之处，但这种机制也让用户与产品的情感建立过程变得更加困难。用户想要获得新功能所带来的便利，就不得不去适应不断变化的产品，甚至不想获得这些便利的人也必须被动地接受这些变化。所以到头来，互联网产品也就很难出现“褶皱的书”那般韵味了。

互联网产品的设计改版频率很高，这一点从设计师的面试作品中就不难发现。几乎所有设计师的作品中都会有设计改版的项目，若是缺少一次大改版的项目，仿佛整个作品就缺少了灵魂。在工作中，很多设计师也是推崇设计改版的积极分子，有些设计师甚至认为每隔一到两年，产品的设计调性就有必要全面迭代一回，以迎合当前的时代。有些产品的迭代堪称是颠覆性的革新，但在用户看来或许就变成了灾难性的变化。一次迭代如果从入口的位置到整体的设计调性全部改变，那么这与向用户发布一个全新的产品没有太大差别，不过是无须重新注册账号而已。这样的产品迭代实在难以让人适应，尤其是当首次打开新版本，全新的界面扑面而来时，能让人们之前辛苦培养出来的情感瞬间折损一半。如此看来，为何改版总会迎来“骂声”也就能够被理解了，用户总要为自己损失的情感变相发泄一下，尤其是在东方传统文化的影响下，这种情感的损失往往会显得更加强烈。

想要和用户更好地培养情感，有些时候设计就必须做出改变，这种改变应该是在产品与用户之间的互动下而循序渐进的，就好像一本书随着时间的推移，纸张如果没有褶皱、变黄，还是如新书般，或许也就很难给人带来那种深沉、厚重的情感了。在这一点上，互联网产品的快速迭代机制又变成了优势，这种机制恰好为产品提供了可以根据用户行为而不断变化的可能，因此，互联网产品做到越用越好用、越用越有韵味也就不是不可能的事了，而这种频繁、微小的成长或许才是互联网产品迭代机制的精髓所在。

根据用户行为而频繁、微小的成长或许才是互联网产品迭代机制的精髓所在

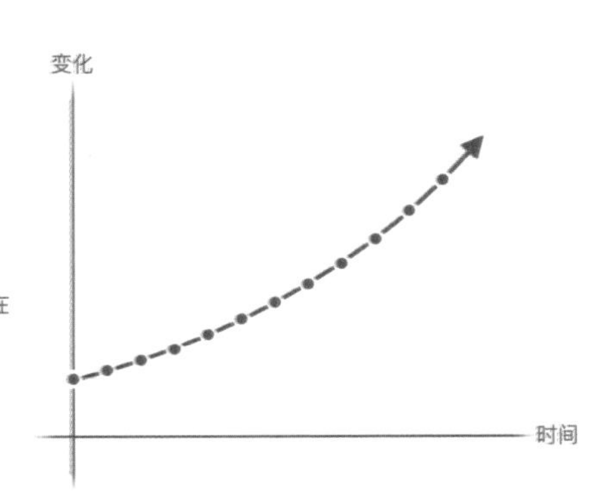

东方传统文化中还讲究内敛，因此一些情感上的强烈刺激，倒不如以柔和的方式表达更容易让人接受。这一点在人们对设计的倾向性上也有所体现，基于互联网的产品虽融入了很多西方的设计思路，但功能及视觉不要显得过重，以更柔和的方式传达信息仍是当前设计中的主要关注点。

在 2019 年小米发布的 MIUI 11 系统中，东方传统文化的内敛气息自然而然地被显现了出来。相比于 iOS 的设计语言，MIUI 的颜色搭配、形状处理要显得内敛很多，外加谨慎的亮色点缀，使界面给人一种协调、舒适的感觉。相比之下，iOS 中的用色及图形则要显得相对大胆、惊艳。所以即便都在简约的设计方向之下，两套系统仍然会给人带来不同的感受。当然，这里并不是想把两种设计语言比出一个高低，两者本身也没有什么可比性，但从两者的差异上来看，仍然可以发现东西方文化差异给设计带来的一些影响。

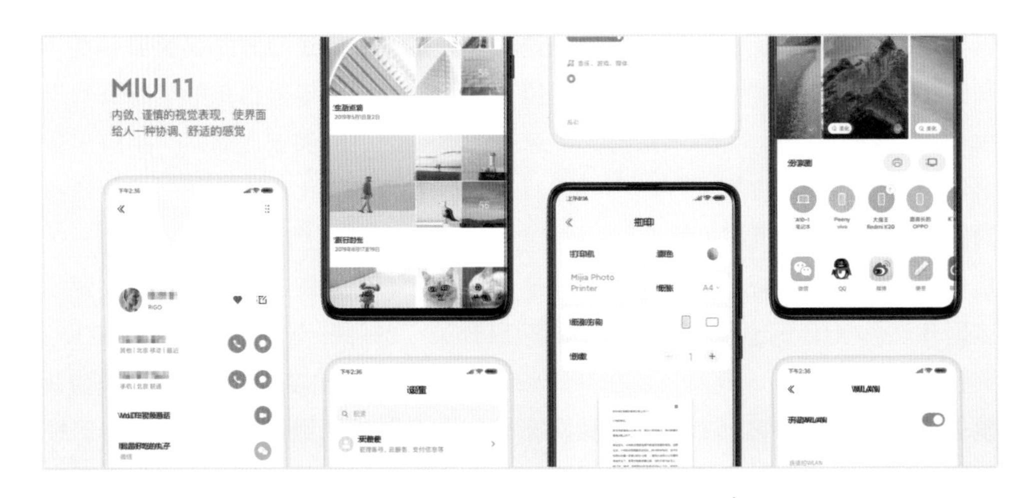

关于内敛，网易云音乐的设计语言也能给人带来同样的感受。网易云音乐产品内很少会用到大面积的亮色，即便需要抓人眼球的内容，也会用一些非常柔和的颜色。假设这样内敛的产品中混入一个配色大胆的界面，多少会毁掉一些这种韵味。

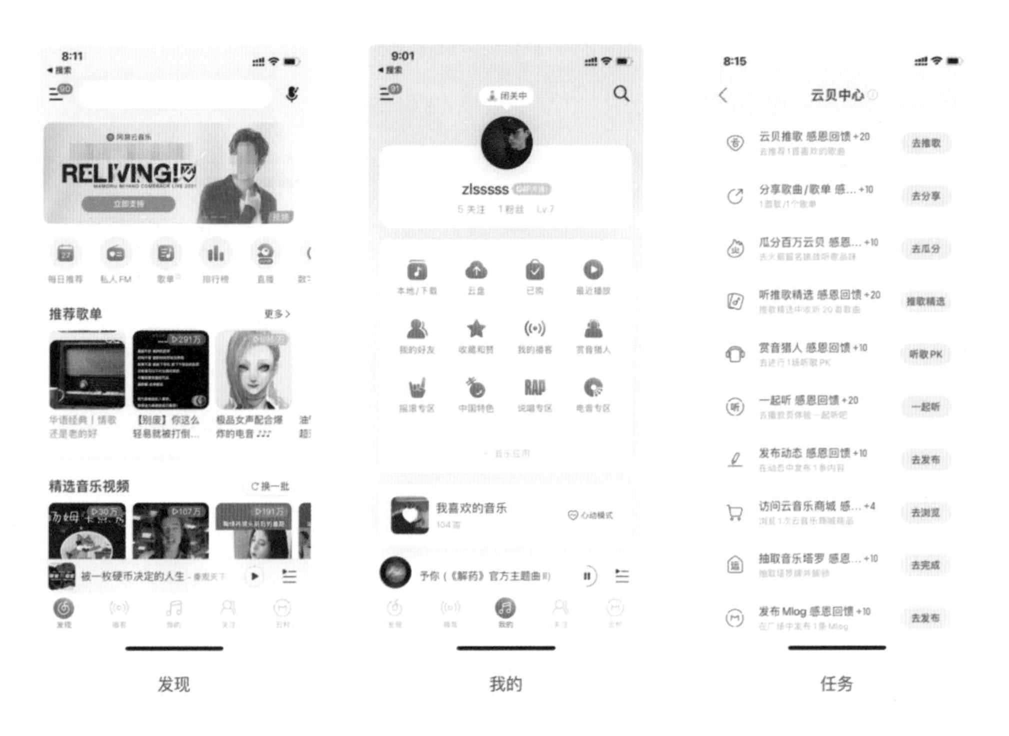

发现　　我的　　任务

类似 MIUI 11 和网易云音乐这样的案例在我国互联网的产品设计中并非少数，或许东方人天生就不太追求令人惊艳的美感，才让这些产品逐渐形成了当前的形态。若是不对比来看，可能很难发现当前互联网的产品设计正在逐渐走出一套更符合东方人审美的设计形态。这些设计虽不像传统风格中的那样古香古色，但也区别于西方人的那种追求感官冲击的表现。

2. 用户的行为痕迹

如前文所讲，东方传统文化中讲究委婉、慢热的情感，这一点还体现在产品设计的很多方面，人们会怀念曾经在产品中留下的痕迹，这或许也表明了人们对回忆的感悟。

QQ 陪伴很多人度过了很长的一段时间，如今也会有人经常去登录来随便看看或因工作需要还在使用，虽然我们“80 后”这一代人的大部分好友关系早已迁移到微信，但 QQ 中留下的痕迹依然还在，看看曾经的分组名称及曾经发布过的“说说”。这些功能设计出来的初衷或许并不是给人们用来怀旧的，但这些使用过的痕迹像“褶皱、泛黄”的书一样，可以给人一种不同的韵味。

手机 QQ 的分组
及发布过的“说说”

若一款产品只在使用时才与用户产生连接，使用后不留下任何痕迹，那么这个产品无论多么简单、好用，似乎也很难给人们留下太多的情感回忆，就好像一本永远翻不旧的书一样，虽然保持了新鲜，但也缺少了“褶皱”所带来的感觉。如此看来，用户与产品的情感连接似乎与用户的使用痕迹有着密切的关系，我们之所以会对某个产品产生深刻的感情，不正是因为在这个产品中留下了很多我们的使用痕迹吗？

当前互联网的产品设计似乎并没有把更多的精力用于维护用户的痕迹上面。在很多产品中，如何让用户当前的操作更加高效仍是设计的核心，因此，这些产品即便曾经陪伴过用户很长时间，但也可能会因为缺少了使用痕迹而损失不少情感价值。在现实中，很多功能与设计为了帮助用户提高使用效率可谓煞费苦心，在任何场景下尽可能地帮助用户去做选择，虽然让用户使用起来变得高效，但如此也大大降低了用户使用产品的参与度，而缺少了这种参与，自然而然地也就隐藏了用户的使用痕迹。这在行为维度来讲或许合理，但在情感维度的考量中，并不合理。

用户实际使用产品时的很多行为可以被留下痕迹，而保留这些痕迹很多时候不只作用于情感层面，它同时可以带来行为维度体验的提升。微信中有一处细节功能可以很好地说明这一点，添加好友后，在社交资料中会被留下“来源的痕迹”，提示此好友是通过什么方式添加的。有些时候我们会突然忘记某个没有备注姓名的好友是谁，此时该痕迹就可以起到一定的提醒作用，而当两个人很熟悉之后，再回头看到这个痕迹时，或许也可以勾起不少回忆，这就是添加好友被留下的痕迹。仔细想来，如果微信为了让添加好友变得更加高效，而采用了批量导入好友的功能，或许此痕迹也就自然地被抹杀了，那时即便同样也会留下添加的痕迹，但当看到该来源显示着“批量导入”之类的字样时，或许此痕迹也就变得不再有任何价值了。

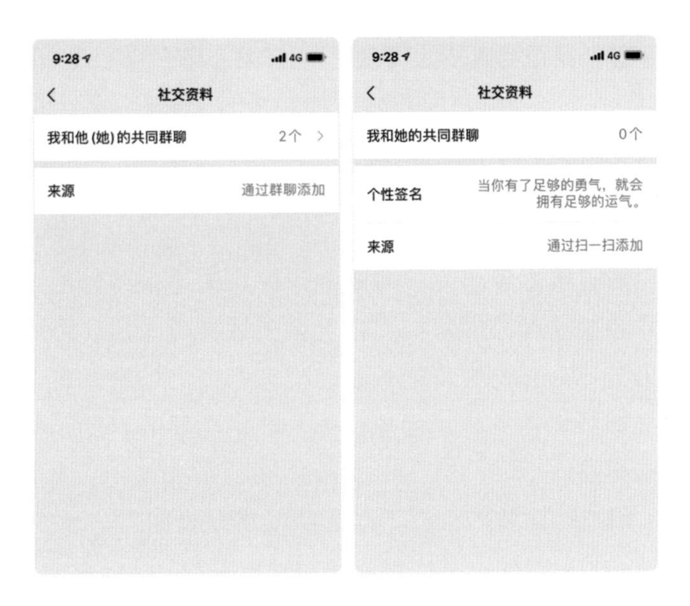

微信添加好友后所留下的“痕迹”

痕迹会让一款产品变得越来越好用，这在产品中也是随处可见的。我们搜索某些内容后留下的痕迹、点赞和评论的痕迹，都是为帮助用户更好地使用产品而存在的，只是这些痕迹同时又附带了情感层面的属性。因此也可以说，这些情感是无须单独来营造的，随着使用痕迹的不断累积自然而然地就会产生，而如果单独为了让用户回忆、让用户感动而设计，反倒可能让用户觉得很刻意，甚至引起反感。

根据用户的实际行为诉求而逐渐迭代的设计形态也是痕迹的一种体现，不可否认，迭代自然是为了更好地满足用户的当下需求，但如果把这些历史的模糊痕迹以更加直观的形式表达出来，或许会变得很有意思。比如，如果一些互联网产品可以提供一次让用户切回多年前版本的试用机会，我想这可能会勾起不少用户当年的回忆。试想一下，如果切回了首次使用微信时的版本，在看到了当年零零星星的几个好友时，用户会不会产生想去畅聊几句的冲动呢?

总体来说，产品中情感维度设计的探索内容还有很多，现实生活中朋友之间的感情维护已然是一个复杂的问题，如何了解朋友的情绪，如何发觉并坚持自己的性格，以及如何让彼此之间的关系更加协调、舒适，每一点看上去都非常棘手，而把这种关系应用于产品设计的表现上，则是另一个难点。另外，情感维度设计与行为维度设计并非独立存在，在很多场景下它们之间是相辅相成的关系，好的情感维度设计会作用于行为维度设计的提升，而行为维度设计的提升也会带来情感维度设计的满足，也就是说越招人喜欢的产品会越好用，越好用的产品也会越招人喜欢。

3.3 细节维度设计

细节维度是指设计的精细程度，无论是行为维度还是情感维度，如果方案本身缺乏细节的考究，那么就无法被称为是一个好的设计。单独来看，这些细节都是无伤大雅的问题，但它存在的场景非常多，在同一个产品中，这些细节聚集在一起，组成了一个非常重要的维度，并且可以直接影响用户的实际体验。

细节体现着产品的“品质感”，就好像同为一本书的封面，粗糙的纸制封面与精心打磨过的小羊皮封面所展现出来的品质就截然不同。在设计中，虽然不同产品的设计方向会有所差异，但无论方向如何，用户对“品质感”的这个诉求都是相通的，而这种“品质感”就来自设计师对细节的深究。不可否认的是，用户对细节问题的容忍度较高，产品只要不出现严重的问题，用户都会选择接受和容忍。另外，在产品中单一细节的优化甚至都可能不被用户发现，这样看似“没有用”的内容自然无法引起重视，有些时候，太关注细节会被视作一种“钻牛角尖”的行为，甚至会被视为职业缺乏价值的体现。不过虽说单一细节问题的作用可能不大，但当众多的细节问题汇集在一起时，整个产品给人带来的感受就会变得截然不同。而有细节的设计，即便用户无法直接发现其细节所在，但在使用中一定可以感受到这种“品质感”所带来的操作舒适与心理愉悦。

说到产品设计中的细节，往往很容易让人联想到互联网早期的拟物化风格，如为各种元素增加真实的质感，让它们更像生活中的物品，认为这样的设计才算有细节。而如今的扁平化风格已经很少再去刻画这些了，如此很容易让人认为设计行业在逐渐失去细节，当年甚至有设计师认为设计行业正在因此变得越来越缺乏专业性，成了人人都可以进入的行业。这些话也可以理解为扁平化风格缺乏“品质感”吧，但用户对品质的追求怎么会因风格的变化而消失呢？扁平化风格看似去掉了细节，但实际上则是把细节转移到其他场景来体现了。用户使用流程中存在细节，所以同为操作失败，有些产品只做到了报错，而有些产品则能指明原因及提供建议，无疑前者的处理会让人觉得略显粗糙。界面颜色的运用和每个图形的形状中也存在细节，因此即便同是几笔勾勒出的图标，也能透露出不同的精细程度。设计的细节并没有因风格的变化而消失，设计行业的专业性也没有因此而减少，相反因为这些细节形式的转变，细节变得更加难以捕捉，设计行业的专业壁垒或许也在因此而逐渐升高。

在当前的互联网产品设计中，设计细节是由两部分组成的，第一部分是使用流程中的细节，它主要表现为对产品多种使用场景的处理，包括正常场景及异常场景中的细节；第二部分是表现形式中的细节，表现为对界面结构、颜色、图形和动效的处理。两者均为设计中的细节维度，前者主要考量设计的完整程度，而后者主要考量设计的精细程度。

细节维度设计包括两部分

使用流程中的细节

表现形式中的细节

虽然可以按此归类，但具体什么程度的设计才属于细节维度的范畴呢？这并不是特别容易可以解释清楚的。因为细节是一个相对的概念，对于一个完整的产品来说，其中某个功能下的一些表现形式就算是细节部分，但对于该功能来说，就不一定。不同的产品阶段对细节的看法略显不同，在成熟期产品中所考虑的细节，对于初创期产品来说并不一定有太大的价值，同样初创期产品在乎的细节对于成熟期产品而言或许完全可以忽略。此外，不同设计师能够察觉到的细节也会有所差异，对于同样一处细节，有些设计师能够轻易捕捉，但对于其他设计师来说可能就很难发现。市面上的产品都是由众多因素组成的，谁都无法定义出一个可以适用于任何产品的细节范畴，或许也正因如此，市面上才形成了品质不等的各类产品。设计师根据当下的情景找到一种最合适的细节把控方法，这也是另一个层面的难题。但无论如何，越是有细节的产品就越能让用户的使用更加舒适，这一点是毋庸置疑的。

3.3.1 使用流程中的细节

使用流程中的细节是指产品满足多种使用场景的程度。所有的产品在被用户使用时都会遇到多种情况，而能把这些情况尽可能地考虑全面就是设计细节的体现。产品在设计初期通常会预设几种最基础的使用场景，如社交类产品只要能输入文字，可以发送，就满足了社交产品最基础的使用场景，但交流中可能需要表情图片来表达当时的心情，也可能有需要拍照来传达无法形容的现状。从更细的一个层面来看，在发送表情时，只要有对应的喜怒哀乐的表情，可以选择并发送，就满足了表情功能最基础的使用场景，但什么样的表情更能表达用户满意或不满意的心情，如何能在用户急需要一个表情的时候，可以快速发送则是该功能细节的体现，当设计逐渐对这些细节场景进行深入考虑的时候，这个社交产品就变得更加有品质了。

当然，以上所阐述的是社交产品中的一些最基本的使用场景，是每个人都可以看到的。而产品在实际使用过程中，还会有一些场景由于出现的概率较小，或者影响的用户数量较少，因此很容易被设计师所忽略。在社交产品中，会有一些发错信息的场景，这种场景虽不太多，但处理起来很麻烦。或者有些时候因环境等，发送者只能发送语音消息，但对于消息接收者来说，语音消息往往就显得不是那么方便了，接收语音消息需要一个相对安静的环境，还需要借助耳机或把手机放到耳边，而且接收信息的效率也依赖发送者的语速，这显然要比阅读文字信息的成本高出不少。而若要把产品设计得精细，这些少数场景也就需要有所考虑。

1. 极端场景下的设计考究

在产品设计中，如果只是简单地考虑一种或几种最直观的场景，那么在用户实际使用产品的过程中就很可能出现问题。社交产品涉及用户与用户的互动、用户与产品的互动，所以显得比较复杂，但单从用户与产品之间的互动来看，也会存在众多的使用场景。比如，当用户登录账号而忘记密码时，用验证码找回密码是非常方便的操作，大部分用户在此场景下也确实会选择这么做，排除技术等原因，这样的操作几乎不会带来什么问题。一些产品只保留了通过验证码找回密码的功能，已经能解决绝大部分的问题，而一些产品甚至支持通过验证码登录账号。但这一切都是基于手机号码正常可用情况的考虑，假设更换手机卡或其他原因造成手机号码暂时不可用，就会产生问题。一些产品从安全角度考虑，会让一段时间未使用过产品的用户重新登录，当恰好遇到手机号码不可用时就会让人抓狂。

不过手机号码不可用的情况毕竟是少数，发错消息、语音消息带来的不便也是如此，这些情况少到很难被人发现，或者说即使被发现，有些团队往往也不太愿意为了这样少数的场景来做优化，因为这种极端情况让用户忍一忍的成本似乎要明显比优化这个功能的成本更低。但换一个角度来看，在这种让人抓狂的情况下，如果有一款产品对此做了优化，那么是否会更打动人？让人感受到产品无微不至的关怀呢？这也是细节的价值所在。

值得一提的是，上面所说的少数场景并不是指一些具有偶然性，只发生过一次的情况，具有偶然性的突发情况或许在未来不太会反复出现，因此这样的场景可能也就无法作为设计的线索。而有些场景对于部分用户来说即便比较少见，但同样的场景可能还会在其他用户使用产品的过程中出现。像发错消息这样的场景，虽算得上是少数情况，但它不只在以前出现过，而可以预测到的是在未来还可能出现，在任何人使用产品的过程中都可能再次出现。实际上，只有这种在未来可能出现的场景才具有挖掘的意义。

虽然说发现这些细节问题是设计中非常重要的一步，但在实际工作中，发现了这些细节问题也并非就意味着可以体现在设计上，很多问题或许还只停留在问题阶段，或者说在这些问题与设计方案之间找不到一个合适的连接。设计师对此经常会有一些错误的思考，比如对于解决发错消息的问题来说，认为“在发送时增加一个确认弹窗不就好了”的这种单纯想法，在实际方案中显然是行不通的。

2. 避错——减少错误的发生

很多时候一个细节问题的解决会伴随另一个细节问题的产生，如果无法在问题与设计之间找到一个合适的连接，往往就会顾此失彼。针对发错消息的场景，很多社交产品都允许在短时间内撤回，“允许撤回”确实在一定程度上提高了发送消息的容错率，避免了不少发错消息时带来的尴尬，但这也会带来另一个问题，“消息已被撤回”留下的痕迹时常会给人一种不好的感受，因为消息接收者看不到对方撤回的消息是什么，在这种缺乏掌控感的情况下，难免会让人无限遐想，甚至会过度解读。因此，在非严重错误的场景下，很多人即便发错消息，也不会使用“撤回”功能，而是选择手动更正。

对于手动更正，每个人的做法也有差异。比如，发出去一句消息“下周可以开公司聊”，有些人发现错误后会马上在下文中补充一个“来”字，有些人则会明确补充到“开 > 来”，再友好一些的做法还会先引用发错了的消息，再编辑一遍正确的消息。

方式1　　方式2　　方式3

在实际情况中还会有更多的更正方式，但越明确的补充，往往就需要发送者付出越大的成本，同时接收者的阅读成本也会增大。按照这个思路，假如社交产品可以提供一个更高效的消息修改方法，是否既可以解决发错消息的问题，也能避免撤回消息所带来的负面感受呢？或许还可以提高修改消息的效率，让修改后的消息显得更加明确也说不定。

修改消息也只能作用于相对轻微的错误场景，对于一些严重的错误场景恐怕是起不到太大作用的，但当前的问题是社交产品中仅有的"撤回"功能对于轻微的错误场景来说，或许就显得有些重了。不过，修改消息是否可以更好地作用于沟通中常见的轻微错误场景，是否能避免撤回消息所带来的尴尬，我想这或许还需要一系列实际案例的验证才行。

另外，发错消息还有一种重要场景，就是把消息发给不该接收的人，这种场景比较尴尬。如果该消息对两人之间的关系有些微妙的影响，那么这无疑是雪上加霜。在这种场景下，显然修改消息或撤回消息都没有办法很好地避免尴尬的发生，而这种尴尬一旦发生就很难挽回。

这种场景必然不是用户有意而为的，用户并不会先去故意找到不该接收消息的人再去发送这条消息，一种很常见的情况是用户在频繁切换聊天界面时，突然其他人发来了新消息，系统改变了列表顺序，而用户此时的注意力没有集中在列表顺序的变化上，进而造成了错误的发生。因此归根结底来看，造成这样的错误或许并不是用户的原因，而是系统突如其来的变化产生的问题。

由于短时间内产品样式变化所带来的麻烦不只在社交产品中存在，PC 端浏览器也存在这个情况，其一处细节设计很好地解决了这个问题。当我们用浏览器打开多个窗口后，通常需要手动关闭多个当前不需要的窗口，但多个窗口的标题栏所占浏览器整体窗口的比例在一般情况下是固定的，也就是说无论多少窗口都会填满浏览器窗口的宽度。这样的话，在用户关闭一个窗口后，每个窗口标题所占区域的大小就会发生变化，因此关闭按钮的位置也会随之改变，点起来非常不便，稍不留神还会关错窗口。很多浏览器对此做了优化，只有在用户产生其他操作时或过一段时间后，系统才去更改展示的样式，这样就能在一定程度上避免因产品形式变化所带来的麻烦，让关闭窗口的操作更加方便且精准。

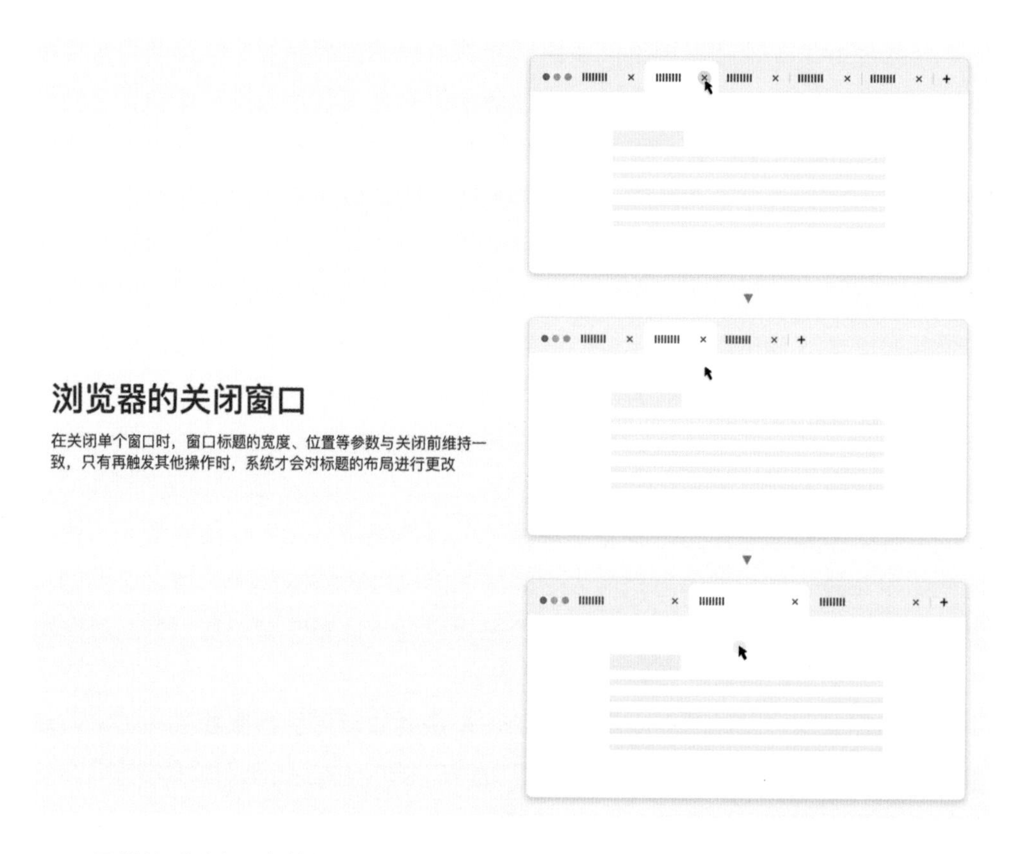

虽然这个例子中的使用场景与社交产品中发错消息的场景有所不同，但两者之间仍然可以发现一些共性的思路，我们不妨把浏览器的这个细节设计延伸到社交产品中。在社交产品中，是否可以在用户从聊天界面返回到消息列表界面的一定时间内，即便有其他突如其来的新消息，也不更改消息列表的展示顺序？如此是否就能在一定程度上减少信息发错情况的发生？这样滞后的形式变化或许可以在切换界面后给用户一个思路缓冲的机会，避免其在匆忙中犯下错误。

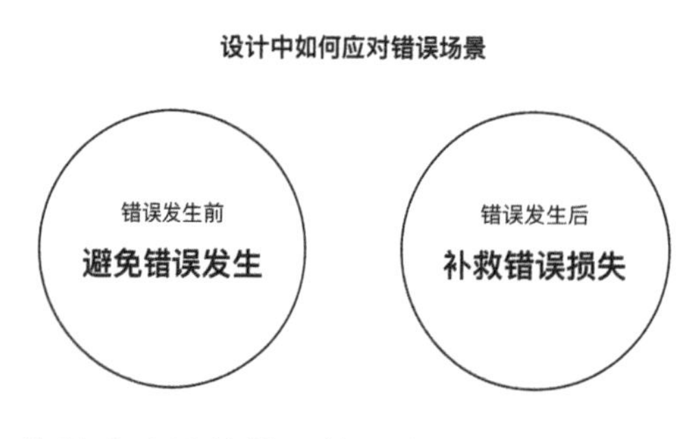

在一些人与产品之间的互动中，错误场景也时有出现。若要考虑到这些错误场景，产品应尽可能地避免一些操作错误情况的发生，但无论如何，错误场景是必然存在的。因此，应对错误的状况，产品也应该尽可能地考虑到如何补救用户的这种损失，即便从整个产品的使用情况来看，这些错误只属于一些非常少的场景。

避免用户操作错误情况的发生至关重要，在一款购票产品中有一个案例可以很好地说明这一点。买错演唱会门票的事情或许不常发生，因为对于几百元，甚至上千元的成本来说，一般人在选择的时候都会比较谨慎，但也难免会存在因为看到一个好位置而忽略了演出时间的情况。演唱会门票一般不能退改，这对于经常观看演唱会的用户来说或许都很清楚，但对于一个很少去看演唱会的用户来说就不一定了。

我曾经在第一次购买演唱会门票的时候，刚提交完订单就发现了信息填写错误，但当时我并不了解演唱会门票不可退改背后的规则。在购买时，我也没有得到任何提醒，当我去找客服沟通时才发现已经不能退改了。仔细研究后我发现,“不可退改”的字样确实在订单界面的第三层级界面的一个角落中提到了，但很隐蔽，极难被人发现。对于几千元成本的支付，为何“不可退改”的字样会被放到如此隐蔽的地方？后来有幸与该产品的设计师成为朋友，当我提到这个问题的时候，我的这位设计师朋友一脸惊讶：“难道演唱会门票不可退改不是约定俗成的规则吗？就像电影票一样。”可是电影票与演唱会门票的价格相差几十倍，甚至上百倍，我想即便有人不知道电影票的退改规则，其结果所带来的影响或许也要小于演唱会门票不可退改所带来的影响。不过话又说回来，门票不可退改的规则确实不太友好，但仔细想来也有存在的必要性，因为这可以遏制部分倒卖门票的行为，演唱会门票一般会提前很久开始售卖，若是开场前可以退票，必然会造成票贩的增多，进而造成正常用户买不到门票。

虽然该规则有存在的必要性，但这并不意味着就应该默认所有人都知道这个规则。这个问题其实解决起来比较简单，无非是把“不可退改”的字样放在用户的视线中，但即便如此简单的一个操作，我想这对于业务方来说也是一种挑战，因为这个字样明显带有警示性，那样是否会影响到门票的销量？类似这种矛盾的情况就不能很好地解决了，但无论如何，提示信息的存在对于用户来说确实是相对友好的。

3. 容错——错误后如何补救

尽可能地避免操作错误是设计师应该主要考虑的问题，但任何产品都无法避免错误的存在。而当一些无法避免的错误产生时，除了在情感层面降低这种挫败感，更重要的是如何补救这种错误所带来的结果，换一种说法就是要提醒用户哪里错了，以及该怎么办。

很多产品对错误反馈的处理比较粗糙，如在账号登录失败时，我们经常会收到“账号或密码错误”的提示，有些产品甚至会直接反馈“登录失败”的提示。对于这种反馈，用户很难获取到关键信息，是账号错误还是密码错误？而“登录失败”的反馈则更粗糙，用户甚至无法知道是自己的错误还是系统的错误。当然，对于账号登录的场景，之所以提示得比较模糊，我想或许也有一些出于安全方面的考虑，但若是考虑到安全，在多次密码输入失败时触发暂时停止账号登录的办法，或许要比模糊的提示更为有效。此外，很多产品只能使用手机号码注册，但手机号码的位数是固定的，对于多输入了一位数字这样的明显错误，系统仍然提示“账号或密码错误”确实是很粗糙的说法。

造成这个问题的真正原因无非是这种使用场景较少，没有受到重视，如果登录时的各种场景都考虑周全，必然会增加多种技术层面上的逻辑判断，对于这种并不多见的错误场景或许就会显得有些不值，并且很多团队会认为大家目前都是这么做的，因此自己这么做也不会出什么问题。至于那些出于安全层面的考虑，我想这不过是安慰自己的说辞罢了。

Airbnb 登录–密码不对　　Airbnb 登录–手机号码过长　　Airbnb 登录–电子邮件地址不对

无论是用户与用户之间，还是用户与产品之间的错误场景，都是整个产品使用中的少数场景，但产品在完善一些常见场景的同时，考虑到类似并不多见的场景就是用户使用流程中的细节体现。在设计时，设计师经常会把精力集中在那些高频出现的使用场景中，这是合情合理的，但注意力过于集中在那些更重要的场景中，或许也会让设计师忽略一些并不常见的细节场景。而这些细节场景是产品中的重要组成部分，也是产品“品质感”的具体表现。

3.3.2 表现形式中的细节

细节设计除了体现在使用流程中，还存在于设计的表现形式中。表现形式中的细节是指界面元素被刻画的细腻程度，如界面中颜色的运用、图形的处理等，这些界面元素对于设计师来说已经再熟悉不过了，但对于不专业的用户来说并不熟悉。设计师与用户之间总是隔着这层专业的距离，因此会有很多人认为，这些细节是设计师自己的事，图标到底应该是什么形式，用户怎么会在意呢，追求这些细节不过是设计师自娱自乐的过程罢了，当这些设计细节与业务方想要的细节有冲突时，就会产生一定的问题。

表现形式中的细节一直是设计方案探讨中的一个很难解决的问题。在与业务方讨论时，设计师不能直接阐述这些形式中的细节问题，如形式是否统一、颜色是否协调或图形表现是否匀称等，否则就会被一句“设计师并非用户”所反驳。其实任何工作人员都不能算是真实用户，业务方如此反驳实际上只是因为其没有办法参与这些专业层面上的讨论而已。设计师与非设计师之间存在的一道屏障：设计的产物是直观可见的，因此即便细微的元素，也能让所有人都插上一嘴，但这些产物的设计过程除了设计师很少有人去了解。一些表现形式上的细节无法用非专业的语言来解释，如设计师都很清楚在同一款产品中每个图标的轮廓、线的粗细等参数应该尽可能地在视觉上统一起来，但不统一又能怎样，能带来什么结果，我想这就很难用非专业的标准评判出好坏。虽然很难说出这些细节的具体作用，但其带来的“品质感”可以被人们直接感受到。

这些形式中的细节是设计基础的体现，作为一本设计专业的图书，自然不能忽略了设计基础。不过设计基础的维度划分与实际用户使用的产品有一定差别，按照设计基础的划分，界面是由结构、颜色、图形、动效所构成的，但用户视角中的界面则是由不同任务组成的。在设计执行的过程中，设计师就是用设计基础中的这 4 个部分相互组合、变化，进而形成用户视角中的不同任务的。而设计基础中各个部分的细节表现最终也自然会体现在用户视角中的这些任务上。

1. 界面结构中的细节

界面结构是指界面内各类元素的组合关系，把界面结构比作人的身体，结构相当于它的“骨”，为整个界面提供支撑。“骨骼”要是不正的话，那么在外轮廓上就一定会显现出“不健康”的状态。在界面中，元素与元素的组合形成了组件，组件与组件的组合形成了用户所看到的界面，不同的元素与组件就像人身体内的骨骼一样，共同撑起了产品的基本轮廓。而结构中的细节就体现在这些元素、组件的组合关系之中。

界面内各种信息之间的关系是设计中必不可少的考量因素。信息若是脱离了这些关系的处理，就变成了平铺的文档，但若是这些关系处理不当，就会让信息的传达变得模糊难懂，有些时候后者带来的负面影响甚至会大于未经设计的平铺文档。

信息关系的组合应该遵循用户的阅读与使用顺序。以对话场景为例，头像、消息、对话气泡共同组成了一个消息组合。在这个组合中，头像为发送消息的人，消息附属于这个人，气泡作为消息与人的一种形式连接。阅读消息的过程围绕着是谁发的消息、发了什么内容、我该如何反馈。其中，头像除了代表发送消息的人，还提供了一个加强阅读起点的作用，顺着这个起点往下看就能看到对应的附属消息。另外，对消息的反馈是发生在阅读完内容之后的动作，因此应该位于内容的后面。如此便组成了与用户使用顺序相吻合的结构，在设计时若打破了这个顺序，就会增加一定程度的阅读成本。

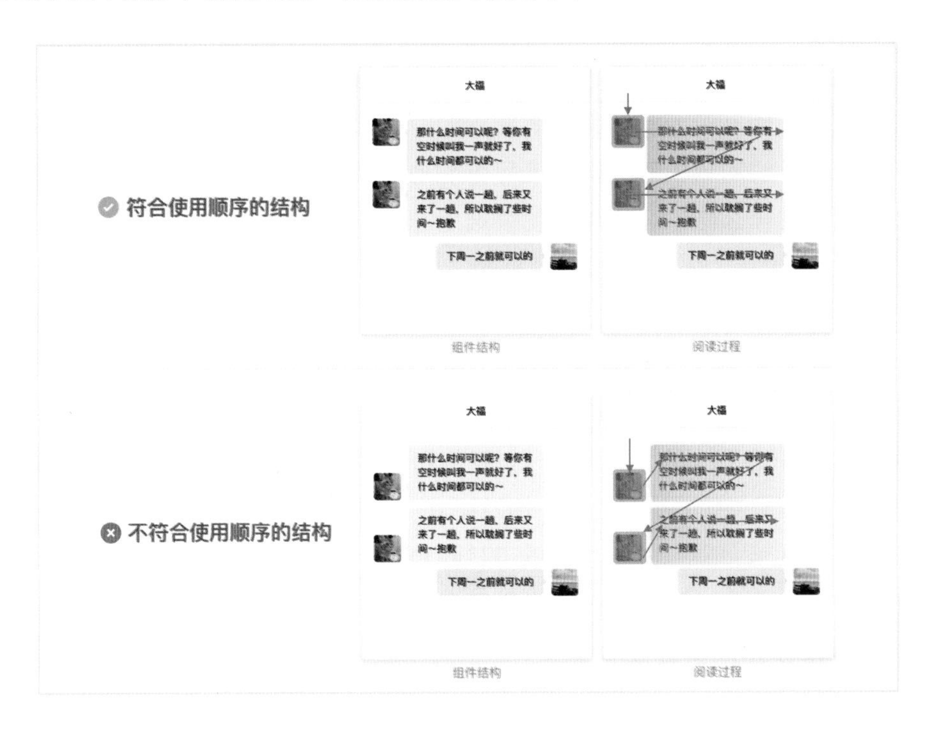

这种延续使用顺序的组合也同样存在于整个界面的结构之中。Sketch 的界面结构很符合用户的使用顺序，工具用于新建图形，在界面的顶端；图层为具体图形的父级，在界面的左侧；属性附属于图形本身，为图形的补充编辑区，在界面的右侧。

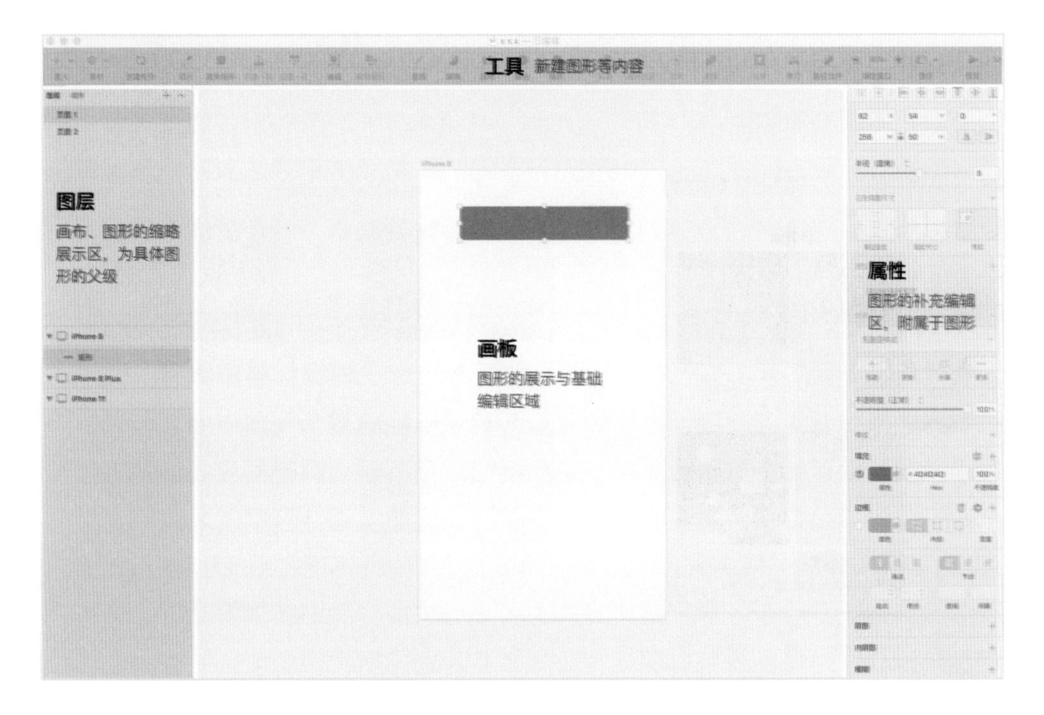

在我国，大部分用户的阅读顺序是由上至下，由左至右的，因此，信息的组合顺序也应延续这种潜在的规则。延续着这个顺序的信息组合就能让产品使用起来更加流畅。否则就会带来不必要的成本增加，即便这些成本有些时候并不明显。

在关系的处理上，设计师还需要关注到各元素之间的亲密性与分割。根据格式塔原则：在形式不变的情况下，元素之间的距离越近，越易被视为同一组合。比如在 Airbnb 的界面设计中（如下图），文案与头像、图标等更易被视为一组，其距离为 10px，再向上一个层级，图片和文案、图标等被视为一组，其距离为 18px，再向上一个层级同理。亲密性把控得当的设计可以给用户一个清晰的阅读体验，但当其处理不当时，信息的传达就会变得模糊，如错误案例的第二排信息，它可以被归为第一组，也可以被归为第二组。

相反，若信息并非相近，就应该尽可能地让两者分割开来，将不同的内容按照一定的规律进行区分，这样可以让界面更加有秩序，上下两个模块之间有足够的间距，以保证两个部分的内容足够独立。值得一提的是，虽然分割可以很好地把界面信息呈现出来，但分割本身并不是关键信息。因此，无论是什么形式的分割，在能起到分割作用的前提下，其形式表现得越轻，就越不会因分割本身的形式而干扰到用户获取界面中更重要的信息。

在界面结构的维度中，层级的处理也是设计师应该重点关注的内容。同一个界面中会存在多种元素，如图片、图标和文案等，这些元素的组合应有主次之分，否则就很难让人快速获取到关键信息，进而影响其使用效率。

在层级的处理中，对比度的增加可以让信息层级更清晰、简约，虾米音乐的列表设计很好地说明了这一点，列表的图片与文案之间的对比非常明确，这样的组合让整个界面显得干净、整洁。而在内容数量不变的情况下，把文案、图标等信息加强，整个信息的呈现就会在一定程度上显得层级不清。

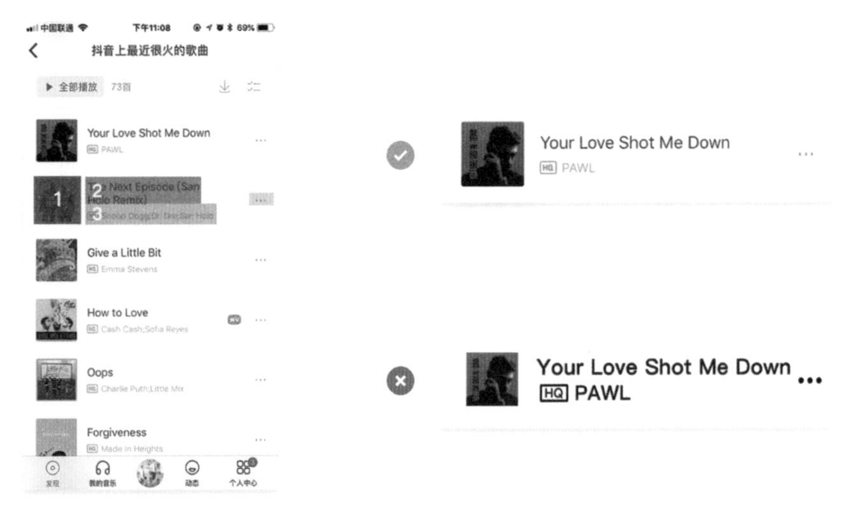

虾米音乐

在界面中，有些时候即便需要呈现的信息有很多，但如果在展现形式上把这些内容按照一定的优先级进行划分，减少视觉上的层数，同样也能在一定程度上让界面变得简约。如在 Instagram 中，单个模块的信息包括发布者、发布的内容、点赞数、评论数等，拆分来看其内容的展现数量并不少，各元素之间对比明确，以及有少数的视觉层级，可以让界面看上去更加简单、清晰。

Instagram

在内容固定的情况下，各元素之间对比明确，以及有少数的视觉层级，可以让界面看上去更加简单、清晰

2. 界面颜色中的细节

界面中的颜色更像一个人的气色表现，是用户可以直观接收的视觉信息，也是界面设计的核心组成部分。在设计中,每种颜色都具有 3 种基本属性:色相、明度、饱和度。3 种基本属性相互结合可以形成成千上万种颜色，而若考虑到不同颜色的搭配，其组合类型更是数不胜数。整体来看，颜色的选择与运用更像音乐创作一样，即便只有 7 个常用音符，但可以相互组成不同的旋律，而在颜色中的细节就体现在这 3 种基本属性的选择与运用之中。

色相是区别不同颜色的主要标准，也是人们可以直观感受到的色彩属性。在设计中，不同色相的元素结合所对应的场景可以产生不同的氛围，如错误或警示场景应该对应红色或黄色，在这种场景下，红色具有最强烈的警示作用，可以引起人们的戒备心理；而在正确操作的反馈中，绿色则能给人一种安全、顺畅的感受。值得一提的是，不同色相只有在对应场景下才会起到相应的作用，因此，红色虽然可以在错误的场景中给人强烈的警示作用，但在节日中则会产生不同的效果，红包应该对应红色，若是换成其他色相，就不会产生相应的氛围，甚至会产生误解。

在同一界面中，不同色相的运用可以帮助用户更快地识别不同的功能。例如在 iOS 的“提醒事项”应用中，用户可以通过定义不同事项的图标色相以帮助自己对此快速分类，在其他参数不变的情况下，若把图标变成相同的颜色，虽然界面变得简约了，但其不同事项的识别性也因此而变得模糊。这种通过色相区分不同功能的运用在很多产品中都有所体现，如在微信的“发现”界面中，就是通过图标的色相对不同功能进行分类的，这样可以让人们快速地识别不同的内容。不过当同一界面承载的色相过多时，则会给人带来一定的视觉疲劳，让人感到不适。

设计师应注意不同色相的颜色搭配中的细节。当整个界面均为冷色调时，就会给人一种缺少温度的感觉，而暖色调可以给人温暖的感觉，但过多使用则会让人感到烦躁。同时，暖色调会更加夺目，而冷色调则会产生一定的距离感，因此当冷、暖色调同时出现时，即便在其他参数一致的情况下，暖色调也自然会显得更加突出。如“iOS 提醒事项”案例中所示，相比于冷色调的蓝色，暖色调的红色、橙色、黄色在视觉上就显得更加吸引眼球。

iOS 提醒事项

通过定义不同事项的图标色相，可以帮助用户更快地识别不同的功能

不同色相的图标

相同色相的图标

颜色中的明度属性可以很好地作用于界面信息的层级关系，设计师在设计界面时需要注意界面的黑白灰关系。界面中的留白即画面中的“白”，界面中的大部分元素介于白色与黑色之间，即“灰”，其中元素的明度越高，其颜色就越接近于白色，与白色背景的对比度就越低，视觉上也就显得更加靠后，相反，元素的明度越低，越会与白色背景产生明显的对比，当这种对比达到了一定程度，就形成了界面中的“黑”。

界面中不同明度的颜色相互组合，形成了颜色中的层级关系。与结构中的层级类似，在颜色层级的处理中，设计师也应注意各层级的对比度与层数的属性。在其他参数不变的情况下，调整颜色的明度可以有效地提高或降低不同层级内容的对比度，不同层级的明度对比越大，其中的关键信息就越能清晰地显现出来，相反，若两者的明度对比越小，就越容易被视为同一层级。这些明度的基础属性有助于设计师在视觉上对信息层级进行区分或整合。同时，若在同一界面中使用不同明度的颜色较多时，也会因此增加界面元素的层数，进而让界面变得复杂、琐碎。

我是关键信息

非关键信息包括：科学家是对真实自然及未知生命、环境、现象及其相关现象统一性的客观数字化重现与认识、探索、实践的人

明度对比较小，两类信息更易被视为同一层级

我是关键信息

非关键信息包括：科学家是对真实自然及未知生命、环境、现象及其相关现象统一性的客观数字化重现与认识、探索、实践的人

明度对比较大，层级相对清晰，关键信息更易显现出来

颜色中的最后一种属性是饱和度，饱和度是指颜色的鲜艳程度，或者说是一种颜色的纯净程度。越鲜艳的颜色越容易在短时间内吸引眼球，但同时也越容易带来视觉疲劳。在现实生活中，鲜艳的颜色经常扮演着吸引人的角色，如艳丽的花卉或浓烈的妆容等。

高饱和度的颜色随使用时间的延长而带来的感受变化

低饱和度的颜色随使用时间的延长而带来的感受变化

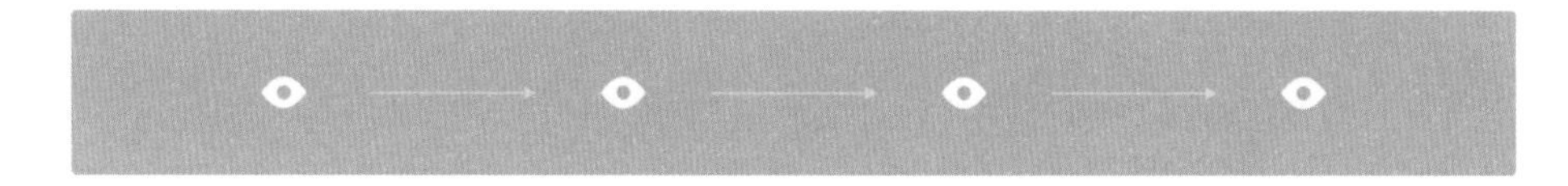

高饱和度的颜色在广告设计中被广泛地运用。在广告的应用场景中，设计以“更快地吸引到人”为目标，并且人们在一个广告上的视觉停留时间相对较短，自然也就不会产生视觉疲劳的问题。但在产品中，惊艳并非设计的核心目的，短时间内吸引到人不会给产品带来太大的成果，而由于人们与产品的相处时间要远远长于广告的时间，因此这种惊艳过后所带来的视觉疲劳在产品中则更容易显现出来。

另外，在产品中应避免过度的视觉冲击，这或许也与人们的文化倾向有一定的关系。艳丽的颜色总是和东方传统文化中的内敛产生一定的矛盾，在情感维度设计的章节中，我们已经对此进行了相应的讨论。或许东方人本就不太在乎颜色的纯净程度。相比于惊艳的颜色，协调、耐看的设计则更受欢迎。

当然，高饱和度的颜色在界面中也发挥着其不可替代的作用，对于一些重要的功能，通常需要夺目的形式来吸引用户的视线。因此，引导用户点击的按钮，在高饱和度的属性下就可以更快地吸引用户，进而起到引导的作用，相反对于需要避开用户视线的禁用状态，其饱和度就应该尽可能地降低。

3. 界面图形中的细节

图形是界面的基本组成要素，可以帮助用户更快地理解不同类型的信息。如前文所述，颜色中的色相可以很好地区分不同的信息，但颜色是抽象的，其与信息之间的关系是间接的，同一种颜色可能传达着不同的含义，因此在一些场景下，单独通过颜色界定不同的信息往往无法达到一定的精准度。相比于颜色，图形则能更为具象地传达不同的信息。

图形在界面中存在多种形式，如按钮、气泡、图标等。按钮为用户提供操作，是控制功能的载体；气泡作为两类信息的连接，可以让人们更快速地了解两者的关系；每种形式的图形在界面中都承担着其应有的责任，并构成了整个界面的图形系统，其中以图标形式存在的图形在界面中较为常见。

说到图标的设计标准，往往最先让人想到的是识别性，直观来看，图标作为图形系统中的一部分，其作用就是帮助用户理解信息，因此自然应该注意它的识别性。但与其说识别性是图标设计的标准，倒不如把这层标准看成图标与内容的联系性更为妥当，因为与内容联系紧密的图标自然会产生识别性。若只考虑到识别性，则可能会带来一些其他问题，如与所有产品处理方式一致可以让图标更易识别，或者干脆在图标中贴上一句文案，其识别性必然有所提高，如此虽然提高了识别性，但也会因此失去一些图标中更为宝贵的东西。

虽然图形可以较为具体地形容功能，但除了如返回、前进、添加、分享等常见的图标，其他大部分图标往往都与对应的文案共存，单独的图标无法承担绝对精准传达信息的责任，或者说该责任应该依赖于文案才更合适一些。因此在这种情况下，图标的识别性也就不是最重要的了，相反若是为得到更高的识别性而走捷径，反倒会让人觉得普通，缺乏趣味。

比如扫描的图标，常见的扫描图标大同小异，无论圆角如何，线条粗细如何，都无法给人留下深刻的印象，但其识别性很高，用户见到类似图标就能大概知道它的功能。而微信中的“扫一扫”图标却体现了一个不一样的视角，两只手的姿势与该功能有着很高的联系性，这层联系并不是依赖用户对该功能的常规经验而产生的，因此与内容又隔着一定的想象空间，不会有人觉得该图标与“扫一扫”的功能不匹配，相反还会有一种发现了曾经没注意到的关系解读，进而带来一丝惊喜。虽说在图标的内容方面识别性并非核心，但在图标的形态表现层面，识别性又至关重要，如果用户无法看出这是一双手，那么即便图标与功能的联系性再强，也会因为缺乏根基而失去意义。

常见的扫描图标

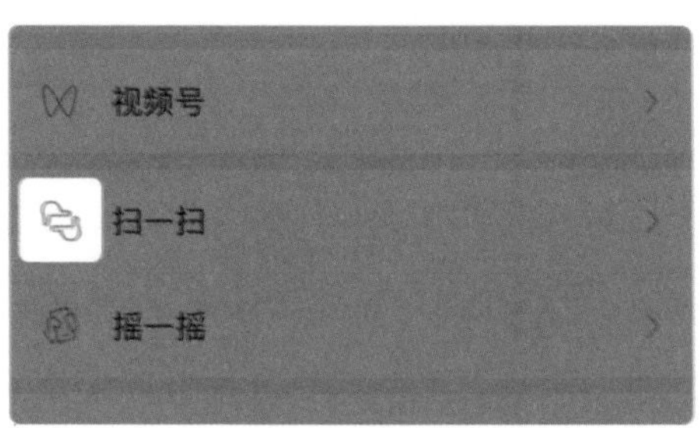

微信中的“扫一扫”图标

图标与文案同时出现，当人们知道了这个功能后，便会产生“哇哦”的感叹，这种感叹，在最普通或直接使用文案的图标中必然不会出现，而这却是图标设计最为宝贵的价值。

图标除了具有表达功能含义的作用，在界面中还承担着提高“品质感”的责任，就好像一款精致皮包上的金属纽扣，如果缺少了这个“点睛之笔”，那么整体产品的品质至少降低半级。图标的品质是考量设计功底的基本因素，每个图标中都存在着基础骨骼、线和圆角等诸多属性，这些属性决定了图标的最终形态，或者说，正是这些属性中的细节决定了图标的最终品质。

在现实生活中，单薄或臃肿的体态会被视作一种不健康的状态，而匀称协调的体态则会令人产生好感。在图标的设计中也应该注意到其体态的健康性，如下图所示，前后两者的表现都无法让人感到舒适，而中间的图形，则显得相对健康。

单薄的体态

匀称的体态

臃肿的体态

单独来看，每个图标的表现均应注意到体态的健康性。增大的圆角可以让图标的表现更为年轻、活泼，但避免不了其带来的臃肿体态。同理，纤细的轮廓确实可以让图标周围的内容更加突出，但也无法避免其体态过于单薄的情况。年轻、活泼等属性可以通过其他手法来体现，但非健康的体态很难找到其他办法来弥补。

图标的复杂度对体态的健康性也有一定的影响，尤其是在较小的空间内，复杂的内容必然会带来图标的臃肿。形状的提炼与删减是图标设计环节中的关键步骤，但除了图标内元素的删减，图标轮廓的角度、各笔画的关系也对图标的简约性起着至关重要的作用。横平竖直的角度处理要比随意的角度处理看上去更加有秩序，笔画之间的关系处理得当则能让图标看上去更加整体，进而都可以给人们带来更加简约的感受。

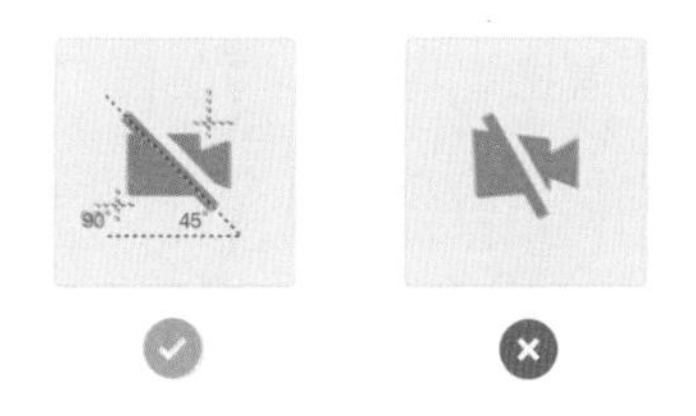

整体来看，任何产品中都存在着一系列的图标集合，这些图标应该被视作一个整体，而非各自孤立存在。设计师在设计时应注意到不同图标之间的关系，让整体更加协调、统一。

图标统一的根本原则就是视觉呈现，因为从统一性层面来看，所有的客观参数都会“骗人”。同等面积的圆形和方形所体现的视觉不同，同等大小的圆角在不同形状上的表现也可能有所不同，若要保证各个图形之间在视觉上表现得更加统一、和谐，就必须对这些细节参数进行调整。视觉相同的方形的实际面积必然要小于圆形，锐角下的圆角参数也应该小于直角，如此便能让整个图标系统更加协调。

同等尺寸的方形视觉上要大于圆形

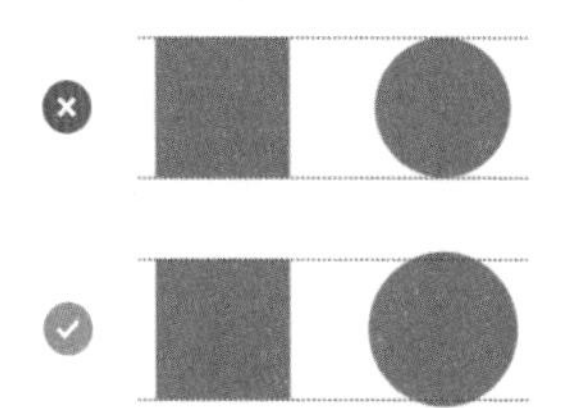

同等参数的圆角在锐角图形中，视觉上要大于在直角图形中的表现

图标为界面的重要组成部分，在图标的设计中应该注意到它与对应内容的联系性及图标表现的“品质感”。但这两个要素并非只存在于图标的设计中，在界面中的插图等其他图形表现的场景也是如此。

4. 界面动效中的细节

界面的组成还包括动效部分，相比于结构、颜色和图形，动效的存在往往让设计师感到有些陌生，因为在日常的工作中，每个项目的设计都无法越过前3步，但有些时候可以不用考虑动效。其实不是不用考虑，而是有些时候可以直接借助系统的原生动效，如跳转下一页的切换及滑动时的滚动等效果。虽是借助系统原生，但这些也都应归属于动效的体现。

在设计中，动效通常被视为设计师的加分项，而不是基础标准。很多人认为动效在产品中是锦上添花的东西，这种东西在其他设计元素健全了之后再添加上去，可能会让设计的效果更好一些。我想这种看法或许是只关注到了动效的表层现象，进而产生的错觉罢了。在互联网产品中，动效自始至终就是设计的一部分，界面只要产生变化，在用户的视角中就会形成动效。当切换界面时，即便界面的变化为直接切换，没有其他动作的产生，但界面初始状态到最终结果的变化，在用户眼中也依然会形成一个最简单的动效感知。换句话说，用户与产品的每次交互都会触发一定程度的动效，这是无法改变的。在设计时，考虑到每种动效是否协调、舒适，才是设计师应该关注的。

在设计中，动效承担着描述两个元素之间变化过程的职责，而这一层面的细节自然也会对产品的整体表现起到一定的作用。用户会因为动效的平滑流畅而感到产品使用的顺畅，也会因为动效机制的统一而感到整个产品使用的协调、舒适。

界面中的动效表现主要有两个方面的考量：第一个方面是单一动效的合理性，第二个方面是整体动效的统一性。

单一动效的合理性

每个动效都是为了表达两个元素之间的变化过程。这层变化可以是由用户的具体操作而引起的，如当用户点击了某个图片后，图片就会产生一个放大的过程；同时，该变化也可以是由系统变化而引起的，如在倒计时中，即便用户没有做任何操作，但时间的显示依然会不断跳动，到最后 3 秒时，或许还会有一个强化效果。在设计中，前者的作用主要为解释不同元素的关系，而后者则多为强调那些容易被用户忽略的状态变化。

由用户具体操作触发的动效应该符合用户的操作预期，如向左或向右滑动某个元素，那么这个元素一定是随之左右变化的，而非上下；同理，当点击某个按钮时，按钮则应该表现为颜色或大小的变化，而非其他。这一点虽然很容易理解，但在现实的产品中依然能看到不符合预期的动效反馈，如微信小程序的退出场景就是一个很好的反面案例，当用户习惯性地向右滑返回时，界面的表现为从上向下消失，虽然其动作与手势滑动的幅度比较吻合，用户或许也能大概猜到自己的去向，但这仍然会给用户带来一些与预期不符的操作感受。

微信小程序的退出场景

当用户习惯性地向右滑返回时，界面的表现为从上向下消失，这会给用户带来一些与预期不符的操作感受

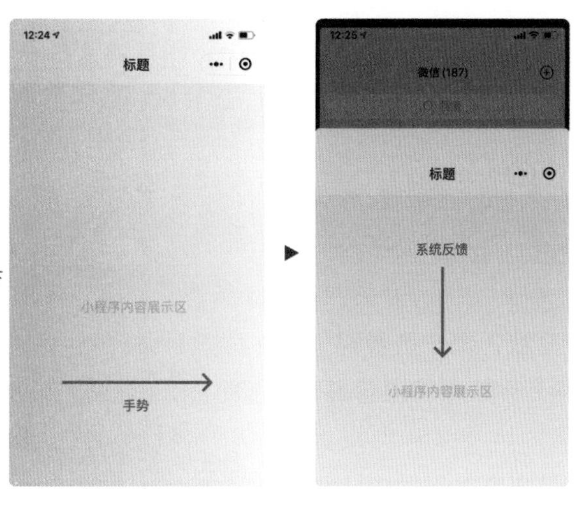

当用户从左侧向右滑返回时　　系统反馈为界面从上向下消失

表达系统变化的动效与预期无关，倒计时的时间不会因个人的任何操作而产生变化。但该场景动效变化的强弱是设计师应该主要关注的部分，强烈的动效变化虽能让人更快地关注该内容，但在产品中并不是所有人都注意到了这些，

强烈的信息一旦对用户的价值不大，便会转变成干扰。动效是让用户聚焦的最高级别的做法，无论尺寸多小的元素，当这个元素产生了动效后，就很难不被人注意到，而当非重要的信息频繁产生动效时，或者当同一界面中多组元素都在产生动效时，那整个界面也必然会面临让用户烦躁的问题。

在由用户操作所触发的动效中，用户操作的区域正是其动效变化的区域，该区域产生的动效正好与用户的关注点相吻合，稍强烈的动效刚好可以在视觉上掩盖其他信息，如此便会产生舒适的感受。但这种场景也有个例，在点击产品中的底部标签栏时，往往视线会停留在上方的界面区，这时，若在标题栏中产生较强的动效或许反倒会干扰使用。不过，底部标签栏的图标动效通常被视为表达设计细腻手法的区域，很多设计师会认为这样有助于产品“品质感”的提升。或许真是如此，但对切换界面时所带来的些许干扰和图标动效所带来的“品质感”提升到底哪个影响稍大一些？这也很难得到一个标准的答案。

触发动效与关注点相吻合的情况

触发动效与关注点不吻合的情况

整体动效的统一性

动效在产品中的存在并非单独的个体，正如界面中的图形或颜色一样。因此，整体缺乏规律的动效往往会让产品显得混乱、无秩序。

我们以往的动效设计多为重视单一的场景，如觉得某个图标应该更有趣味性，于是会在这个图标上做一些有趣的动效，或者觉得另一处的过渡可以更顺畅，于是会在此处增加一个连接动效，这样下来整个产品中的动效就变得异常割裂，动作的逻辑及速度因此也变得毫无关系，如此就很难让其整体和谐起来了。

动效的运用应该像组件一样，运用到全局，这样既可以提高整个产品的使用流畅度，又可以带来更震撼的动效体验。就好像海浪一样，由每一个相同趋势的浪花组成，显得格外壮观，而这种壮观在界面动效中就来自它们之间的共同规律。

不同场景下的同一类型组件的出现规律应该得到统一。比如在界面中，我们会发现有些界面的弹出动效是从下向上的，有些则是从右向左的。这两者的运用规律在大部分产品中是比较模糊的。什么类型的界面其弹出动效应该是从下向上的呢？什么类型的界面其弹出动效应该是从右向左的呢？

这两种界面的切换对应着两个专业术语："push"（从右向左）和"present"（从下向上）。如果从最新版的 iOS UI 中来看，不难发现"present"对应的切换更加轻量，更像是在本屏幕上的一个弹窗，而"push"则是整个界面的切换。另外，"push"左上角的"关闭"按钮对应的是"返回"，而"present"左上角的"关闭"按钮对应的则是"取消"。从这两点来看，似乎可以从中找到一些运用的规律，当我们从某个入口进入该功能的详情或者进入某个任务流程时，那么左上角的按钮理应对应着"返回"，而当我们在一个场景下新建任务时，如创建新订单、创建新目录等，则对应着"取消"才显得更合理。若按照这个规律进行分类，两类动效的运用就会清晰不少。但这一点在早期版本的 iOS 中的表现比较模糊，两类动效结果无明显差异，仅仅是方向不同，左上角位置的按钮也可以根据每个产品个性定制，这也就意味着，即便在"present"的情况下也可能出现"返回"的指示，如此便造成了其规律混乱的现象。

这类规律的运用应该体现在产品的每一类动效中。图标如果点击后会发生一个形变的动效，那么在所有的类似场景中也都应尽量如此；卡片如果在点击后有变小的按压动效反馈，那么在所有的类似场景中也应保持统一。这样便能建立一套和谐的动效规律。

另外，动效的速度也应该有统一的标准。不同速度的动效给人带来的感受会有所不同，稍慢的动效显得优雅，稍快的动效则显得更加利落。在运动舒适的前提下，速度的表现并无好坏之分，但如果每个动效的速度不统一，那么会给人一种不协调的感受，这一点与界面图形中的视觉统一有些许相通之处。若要保证速度统一，就需要在不同的运动幅度与运动时间之间计算出一个相对固定的速度值。因此，大幅度动效的完成时间与小幅度动效的完成时间也就应该有所差别了。显然，大幅度动效所用的时间应该多于小幅度动效所用的时间。

最后一点是动效的效果也应该保持统一，弹性动效更为活泼，但其运动的变化也要相对更大，因此也会让动效本身显得相对复杂，而缓动动效则要显得简约、精练一些。两者虽然体现了不同的动效调性，但无论是弹性动效还是缓动动效，在界面中的表现应该得到统一，如此才能建立起一定的关系，让动效整体变得协调。

界面中的结构、颜色、图形与动效共同组成了一套完整的形式标准。而设计过程就是通过这 4 个部分的相互结合，进而形成不同的形式的。这 4 个部分中的细节均会体现在最终的产品之上，但设计师挖掘到产品中更多的设计表现细节并非一朝一夕就能达成，因此，对这些细节的处理也正是一位设计师的专业基础体现。另外再往上一层看，用户使用过程中的细节与设计师表现形式中的细节同样重要，两者共同构建了设计中的细节维度，并共同影响着行为维度与情感维度的精细程度。

行为、情感与细节共同组成了完整的设计。在设计中，这 3 个维度分别作用于用户 3 个方向的使用感受，但从整体来看，这 3 个维度又相互依赖，情感维度影响着行为维度，行为维度又作用于情感维度，同时，两者都需要通过细节维度来体现。3 个维度不分轻重，优秀的设计应该在这 3 个维度中均有所深入，并使这 3 个维度在设计中得以均衡，如此便能为用户带来一个舒适的使用环境。

3.4　3 个维度与未来设计

在前面我们详细探讨了 3 个维度如何作用于我们当前的设计，而这些设计多数依托于移动端。截至目前，手机依然是最贴近人们的智能终端，但放眼未来，是否会出现一个比手机更贴近我们的智能终端，以及这个终端会以什么形态出现，这一点我想没有人能给出一个准确的答案。

手机之所以能够替代很多线下场景，其固然有着众多优势，但同时也存在着很多体验上的限制。比如，手机承载内容的能力有限，所有的内容只能显示在一块较小的屏幕上，而且手机无法给用户提供嗅觉上的体验，甚至听觉上的体验也受到了很大的限制。因此，目前仍有很多线下场景是手机无法替代的，如酒吧的体验就是混合了多种感官的综合体验——灯光及舞动的人（视觉）、音乐（听觉）、食物和酒的味道（嗅觉与味觉），以及很多人相互拥挤（触觉）。手机无法带给用户多种感官的综合体验，但或许未来的某种终端可以做到。

未来设计可能涉及的多种感官互动

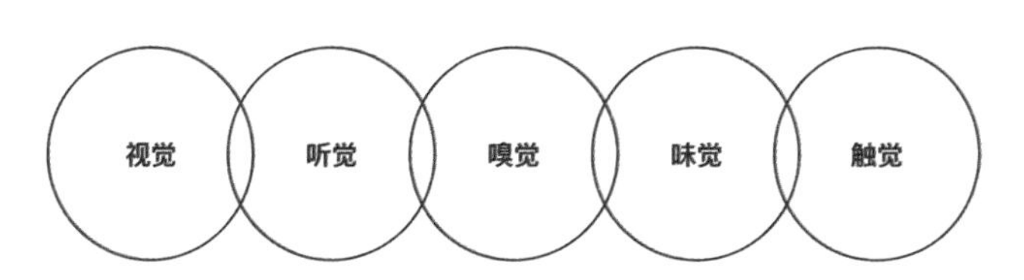

如果这种终端在未来的某一天确实来临了，设计的形态可能产生巨大的变化，那么在这样的背景下，我们书中所讲的内容还适用吗？

答案是“当然适用”。好的体验无论以什么形态传达，都离不开行为、情感和细节维度，而在有些场景下，脱离了手机这个终端的限制，或许反而能让体验设计师更好地达成这样的体验目标。

比如在玩一些桌游（棋类、卡牌类、益智游戏）时，我们就需要不同感官相互配合。首先，在这种情况下语言互动就要比读写互动轻松、高效得多。其次，视觉在其中也起到了一定的作用，每个参与者的面部动作及肢体语言，都有助于我们来判断什么时间该听、什么时间该说。最后，嗅觉和触觉也很重要，如果游戏是森林主题，那么植物的味道及轻轻的凉风则能让用户更加沉浸，相反，如果游戏过程中突然飘来一阵红烧排骨的味道，那么这种沉浸度则会完全被打破。

当然，手机也可以玩相同类型的桌游，其优势在于我们可以无视空间上的距离，与世界各地的人一起玩，但在“五感”的体验上会大打折扣，无法享受上述那种体验。

类似的案例还有工作时的讨论会，线上会议虽然有很多好处，但没办法观察到对方的面部及肢体动作，因此就会出现两个人突然同时说话，听到对方也在说话时又同时停止，过几秒后再次同时说话的场景，线上会议在多感官上的互动受到了限制，因此讨论效率在一定程度上也要低于线下会议。

从行为维度来看，好的体验应该让用户更轻松、高效地达成符合预期的目的，显然在上面的两个案例中，手机这个终端有着很多限制。

多感官的体验在情感维度中有着重要的作用。它能给用户带来心情愉悦的除了视觉上的“好看”，还有听觉上的“好听”、嗅觉上的“好闻”等，而当这些感官体验同时触发时，则会让体验进一步升级。例如当我们走进一家线下书店时，书店的布置、书店中人们的轻声轻语，以及书本的气味儿就都是令人愉悦的因素，这种愉悦往往要比线上读书更加强烈。当然，现实中的书店并不会像超市那样分布密集，毕竟也没有那么大的需求量，因此少数想读书的人去体验线下书店的成本就会提高，反而不如牺牲感官上的体验选择线上读书更加便捷。那么，未来是否能拥有一家虚拟书店，既可以做到“五感”集合的体验，又能解决那些少数人去线下书店成本较高的问题，同时还能避免过多分店所造成的运营成本增加的问题呢？真是期待这家书店的开业啊！

情感维度中的产品性格也可以通过多感官来表现。如果产品是读书类产品，那么应该有书本的气味；如果是服装店，那么每件布料的味道及触感也应该能被感知到；如果是纯气味类产品，如香水店，那么应该能让用户闻到不同的香味儿，显然，这些都是当前电商平台无法做到的。

另外，这个虚拟环境不应该是永远不变的，而是会随着和用户的互动不断变化的。就像我们在前面“带有情感的设计”中所说的那样，物品与人们的情感在于长时间的打磨，因此使用过的功能应该留有使用痕迹，如经常翻阅的一本书，它就应该和新书在形态上有所差异，如此才能更好地在产品与用户之间建立情感连接。

现在让我们来看一下细节维度，首先可以明确的是，未来的产品一定不会是单线任务的“傻瓜”模式。无论是什么产品，用户的使用路径一定会更加灵活、自由，而一旦灵活，也就意味着不可控的情况增多，这时细节的考究则会更加重要。如何通过多感官的形式帮助用户避错，显然此时触达的方式（如警示音、气味提示，甚至触觉上的提醒）也更加多样化了，而什么情况下适合听觉，什么情况下适合嗅觉，如何让多感官的触达更具系统性，则是另一个层面需要考虑的问题。

当然，在未来的设计中，视觉同样还会是非常重要的组成部分，因此产品的结构、颜色、图形、动效上的考究也必然会存在，或许区别在于移动端的内容是在屏幕中呈现的，而未来的设计可能以三维的形式来呈现（当然也可能是平面的形式，谁又说得准呢）。值得一提的是，并非所有场景都适用于这种形态的设计，如一些简短的、即时的沟通场景，还是应该以手机为主更加合理。未来，不同形态的设计相互融合或许还会再次催生更加神奇的效果。

我猜大家已经看出来了，我们所讲的设计形态是元宇宙概念。从目前来看，元宇宙既能解决现实空间上的距离问题，又可以给用户带来多感官上的互动体验。而且大家同样能够发现，在这个概念下的互动体验也可以通过行为、情感、细节这 3 个维度来衡量设计的好坏。这 3 个维度作为衡量体验设计的底层标准，不仅可以解释过去，还可以运用于现在及指导未来的产品设计，这就是它的神奇之处。

到这里，3 个维度在设计中的体现就讲完了。但这 3 个维度并不只存在于设计的方案之中，在工作的协作中、团队的运营中，乃至我们与他人的相处中，它们都可以起到很好的作用，这也是它们神奇的地方。而在下文中，我们将详细探讨如何通过行为、情感与细节来“设计”我们的工作流程与设计团队，让整个设计的工作变得像设计方案一样协调、舒适。

第 4 章

设计工作中的设计

设计师的工作核心是产出优秀的设计方案，在前文我们探讨了如何让设计方案更加协调、舒适。但在现实中，产出优秀的设计方案在一定程度上又依赖于整个团队的工作环境，也就是说，即便一位有能力产出优秀作品的设计师，如果处于一个效率较低的协作流程或基建较差的团队中，那么其产出的方案最终也难免会因此而受到影响。

首先，在设计协作中，有些团队以拥有复杂的流程为荣，我曾经参加过一次设计分享，分享者骄傲地阐述："我们的设计团队有很多规则，新设计师初到我们团队，需要 3 个月的学习时间才能适应并上手。"对于这段分享内容，我猜分享者是想强调团队的专业性，但这对于一个普通设计师来说，听后有一丝头皮发麻，这么多的规则得为设计师额外增加多少的工作压力呢？那么回头来看，"如此全面"的规则真的就能解决设计师今后所面临的全部问题吗？其实未必，沉重的规则就像设计方案中的"新手引导"一样，除了规则制定者的自我满足，对于执行者的指引可谓微乎其微。很少有人会在未遇到问题时对这些规则产生共鸣，相反，对于执行者来说，沉重的规则反倒构成了一定的压迫感，它们在不需要的时候扑面而来，增加了执行者的学习成本，进而也让整个设计环节变得低效。而在设计协作中，如何降低执行者的学习成本，让设计协作高效起来，就是行为维度设计在设计协作中的作用。

其次，情感维度在设计协作中也同样重要。如果设计师在工作中不去了解他人的诉求，而是不断地把自己的想法强行输出，那么在协作的过程中也必然会产生更多的协作成本，无论是业务方、研发方还是需要协作的设计师，都应考虑到对方的诉求。在情感维度中，除了对协作者进行了解，设计师也应该保持自身对专业的判断与坚持，并找到与协作者的某种连接。如此才能让协作进入一个良性状态，进而让协作变得更加协调、舒适。

再次，设计协作中同样存在细节维度。因此，即便一些少数的协作场景也应该在设计师的考虑范畴之内，这些应对方案不一定是被列为每个人都需要遵守的规则，正常情况下甚至无须每个人都知道它的存在，但当这些少数协作场景出现时，这些细节的考虑要能为此提供一个解决问题的途径。比如在日常工作中，设计师在与业务方达成共识后，项目便可以进入开发阶段，开发完成后进入设计走查阶段，最后顺利上线。这是基本的设计流程，如果正常进行就不会产生太大的问题。但项目在开发阶段难免会遇到一些突发问题而产生设计修改，若此时没能预估到问题的出现，在协作上就会产生问题。在项目进行中产生的修改，无论是对于业务方、研发方还是设计师来说，都算是一个协作中的错误反馈。有些时候，这种错误是无法避免的，因此，除了在设计前期尽可能地做到防错，在错误产生时也必须考虑到错误的补救机制。同时，这些细节机制的具体表现也应该考虑到细节，像设计方案一样，不同类型的机制应该被分类，不同优先级的协作问题也应该被表现清晰。如此，这些协作也就形成了一个隐形的“设计方案”。

设计工作中的协作与设计师产出的方案有很多相通之处。两者均作为某种关系的连接，差异不过是目标对象及表现形式有所不同而已，在设计方案中，设计师考虑的目标对象是产品用户，而在工作中考虑的目标对象则是工作的协作者；在表现形式方面，设计方案表现为具体的产品设计，而在工作中这种形式则表现在协作规则或某种类型的语言沟通方面。除此之外，两者在设计思路上的底层判断则是统一的，即行为、情感与细节。3 个维度决定了设计协作的体验，无论是跨部门多角色之间的协作体验，还是设计团队内部多位设计师之间的协作体验，都依赖于 3 个维度的支持，而在工作协作中对 3 个维度进行深究与权衡，就是设计工作中的设计。

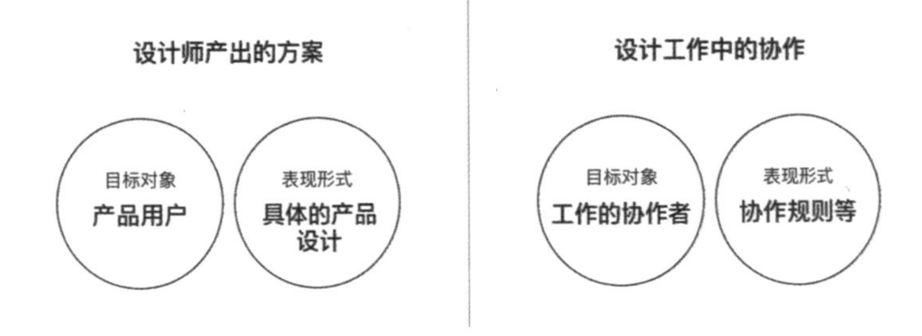

4.1 多角色协作

在互联网行业中，多角色协作是设计工作的常态。绝大部分设计方案从想法到落地经过了需求产生→设计执行→开发执行→上线并验证的流程。期间，产品经理、设计师和研发工程师的工作环环相扣，不过虽然合作紧密，但三方对问题的判断视角有所差异，或许也正因如此，才在实际工作中为各个职位之间的协作增加了不少的矛盾场景。

互联网产品的常规迭代流程

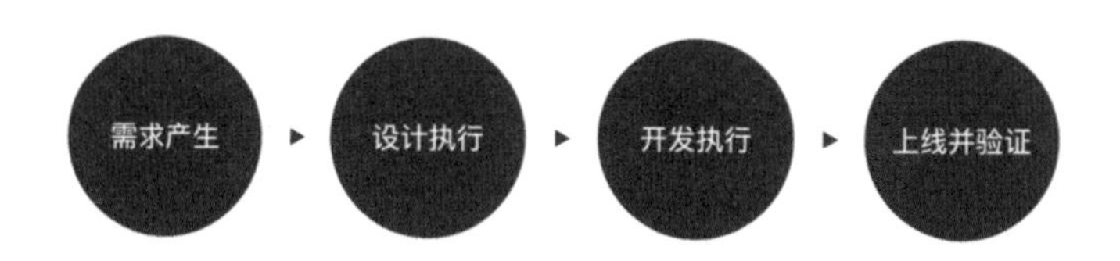

在很多互联网企业中，这三方往往各自为营，拼尽全力争取自己的利益，并与其他角色展开对峙。三方都在为了自身的所谓权益而不断增加协作流程，研发工程师为了避免修改需求造成的进度受阻，制定了不允许在提交需求或设计后进行修改的规则；设计师为了掌控所谓话语权，试图通过增加某种规则来拒绝其他角色的设计建议；产品经理为了满足自己的需求，不管在设计和研发上有多大损失都不愿意妥协。上述这种不和谐的合作状态在很多企业都会存在，大家的诉求都是合情合理的，但完全没有站在协作方的立场考虑过。长期如此，协作开始变得官僚，冗长的流程在很多情况下不是为了提高效率，而是尽可能地通过这些限制机制来争取自己部门的最大利益。大家更不愿意拿出自己的资源来帮助协作者，而是尽可能地把职责划分出清晰的界限并采取事后追责的方法来制约对方，但如此紧密的协作关系怎么能划分得清晰呢？所以，到了最后往往就变成了相互推责，而各方更是靠辩论取胜，在工作中，辩论往往不是一个解决问题的好办法，辩论技巧无非是像障眼法一样的把戏，它并不能决定产品最终的好与坏，只不过能让人赢得当时的辩论罢了。

这种现象在有一定规模的企业中比较常见，整体来看，解决协作上的官僚和低效并不是一个简单的话题，但这种合作关系又确实为项目的进展带来了不小的阻力，让每个执行者感到不适。在现实中，很多企业都有抵制官僚的口号，但因缺少行动而让这个口号只停留在了口号层面。设计作为互联网产品研发中的关键环节，自然无法避免这种低效合作带来的困扰。

各部门对峙的状态是造成多角色协作成本增加的主要原因。设计师很清楚，在产品中，如果用户对产品产生了抵触的情绪，那么产品就不会再获得用户的青睐。在设计协作中也是如此，如果协作方与设计师相互抵触，那么在协作中也会产生很多麻烦。如果从设计角度来考虑协作中的这些问题，那么在协作时就必须考虑到协作方的诉求，就像在设计方案中，我们努力去寻找并解决用户的诉求一样。

在协作中，如果每个成员都努力寻找并尝试解决对方的诉求，那么便可以减少很多不必要的流程与制度，很多问题也将迎刃而解。不过道理虽然如此，但上述这种状态带有一丝“乌托邦色彩”的理想状态，在跨团队的多角色沟通中，很多因素不可控，也并非所有人对待工作的协作都会从设计角度来考虑，如业务方不考虑设计上的得失，只为达成自己的诉求等现象在协作中依然存在。但或许也正是因为这些客观因素的存在，才为从设计角度来考虑协作提供了必要的前提条件，按照这个前提来看，拼力抵抗往往达不到一个好的结果。相反，如果像我们在设计时一样去察觉对方的诉求，或许就能让整个协作顺畅起来。在企业中应该由一个角色首先打破这个对峙的局面，让协作逐渐进入一个和谐的状态，而这个角色由更懂设计视角的设计师来做再合适不过了。当我们主动去为对方着想，为对方带来良好的合作体验时，到最后这份良好的合作体验同样会反哺到设计师自身的体验上，进而产生一个良性循环。

设计角度中的协作就是通过设计方案的思考角度来思考协作的，在协作中同样存在行为、情感与细节维度。在后面我们将继续按照这 3 个维度来探讨协作中的问题，以及如何通过这 3 个维度为协作中的多角色创造一个良好的协作体验。

4.1.1 协作中的行为维度

协作中的行为维度是指如何让协作者更加轻松、高效，并在这个协作中达成一个符合预期的结果。在前面我们曾探讨过在设计中如何为用户创造一个可以让理解更轻松、让操作更高效及让反馈更符合预期的使用环境。这种良好的环境同时存在于协作的过程中，无论协作对象是谁，都应避免为其增加不必要的负担。同时，要以更高的效率达成协作目的，否则就算再融洽的协作氛围也无法弥补复杂、低效所带来的负面影响。

1. 关于轻松

在互联网的工作环境中，每个角色的压力都很大，所有职位都处于一种超负荷的工作状态。

首先，来自自身的业务工作就占据了每个角色的大部分精力；其次，自身的专业也不能落后，所以每个角色又都需要去不断学习新的专业技能与思路；最后，即便拥有了很多业务产出及专业技能，也不一定能做好一个项目，因此，还需要去思考如何协作、沟通。每个角色都无法脱离这些复杂的工作，由此可见，在这种高密度的工作状态下，可以轻松下来完全是一种奢求。

互联网工作中每个角色的压力来源

就算如此，我们在工作中仍然会遇到很多给别人施加压力的现象。比如，在探讨设计方案时，有些设计师经常会为了彰显自己的专业性，自始至终不断地说一些专业词汇，如果说的是英文词汇，听上去就显得更加高级了，但我们的协作者往往不是设计师。让一个非专业人员围绕着设计师的专业术语来展开讨论，本就是一种不友好的行为，也必然会给其带来一些不必要的压力。

通过说一些通俗易懂的话来表述清楚一些专业问题可以让协作变得更加轻松。因此，在与协作者沟通时就应该尽量避免出现一些什么“式”、什么“法”、什么“学”或各种“模型”之类的词汇，即便真的需要借助这些知识来阐述自己的观点，也应该尽可能地把它们转化成易于理解的话语来说。值得一提的是，若描述一些内容之间关系的抽象概念，通过画图的方式往往能表达得更为清晰、直白，如在阐述 3 个维度之间的关系时，如果缺少了下图，就很难用简单的几句话把这个关系描述清楚。

体验设计的3个维度

行为维度
情感维度
细节维度

刻意彰显自己的专业性还有另一种现象：无论什么问题都先制作一份 PPT 提案。提案分析得可以不全面，但内容一定要多，因为反正也不会有人认真去读。该方式的外在表现就是："我分析得如此全面，你还要否定我？"这种提案给协作者带来了一种隐形的压力，即便他有一些其他想法也不敢提了，或者提问题也需要很高的成本，因为需要先读完那么多的内容，或许当他读完那些内容后还会发现，他要提的问题太多了。对于设计来说，最重要的就是图，所以很多时候有图及简要的介绍就够了，这样或许能让协作者的提问更加轻松一些，当然，这张图应该是在设计时深入思考过的，即便在对方提出一些问题时，也不会因考虑不周而惊慌失措，而当这些问题被回答时，设计的思考也就自然而然地展现出来了，既彰显了专业，又避免了过重的提案给协作者所带来的压力。

一些协作中的细节也体现着设计师的思考。比如，我们经常会听到"新同事在工作上要主动一些，有什么问题去工位上找同事问，不要害羞"之类的建议。不过，虽然冲到别人工位去问问题对询问者来说看似很高效，但这并没有站在对方的视角来思考。首先，这样做可能会打断被询问者的当前工作，而一般他们又不好意思直接反馈；其次，所问的问题在被询问者看来也并没有一个准备，尤其是当前的工作状态被打断后，往往不能快速理解询问者的问题。因此，这样的举动只不过是看似高效，实则低效，并且突如其来的问题也容易给对方带来一定的压力。解决这个小问题其实很简单，不过是在询问者冲到被询问者工位之前，用一个轻一点的方式铺垫一下，如在通信工具中发一条消息："有个 xx 问题想请教您，您什么时间有空，我去您的工位一下？"

2. 关于高效

效率是检验协作是否成功的关键指标，这在如今看来已经不是什么新鲜的观点了。无论是什么协作都应该注重其协作效率，如果工作中每个简单的问题都需要很长的流程才能解决，那么即便协作氛围再其乐融融，也算不上是成功的协作。

在现实中，冗长的刻板流程和闭塞的信息是令协作低效的主要原因。如今，我们反观传统工作中的一些流程就不难发现这个问题，在某些传统工作中，不同角色的分工是有明确划分的，并由一个专职职位去协调各部门之间的关系，在这类协作中，设计师不会与研发工程师有直接的沟通，而是把反馈的信息汇总在这个"中枢职位"上，再由这个职位去转述这些信息，信息随着转述流程的增多会失真，进而造成多次返工，效率上也自然变得很低。

这一点在当前互联网产品设计的协作中已在逐渐改善，信息开始变得透明。

但不可否认的是，在我们工作中的某些环节上，仍然存在着传统模式遗留下来的低效问题。以设计环节为例，在很多项目中，我们仍会设立一个设计对接人的角色，当其他部门的人员在协作中遇到问题时会直接反馈给对接人，再由对接人去把任务分发给需要执行的设计师。期间，项目的对接高度依赖于对接人，而对于问题的反馈者（业务方）和执行设计师来说，所获取的信息都是闭塞的，同时拉长了协作的路径。从某种角度来看，对接人何尝不是阻碍问题与解决方案的一道屏障呢？

打通群体中的每个个体可以释放巨大的能量，这一点在《失控》一书中有一个很好的例子可以说明：

每只蜜蜂的记忆只有 6 天，而整体蜂巢的记忆却长达 3 个月，是蜜蜂平均寿命的两倍。“蜂群思维”的神奇在于没有一只蜜蜂在控制着它，但却有一只从群体成员中涌现出来的看不见的手在控制着这个群体。如果想要从单个虫子的机体过渡到这个集群机体，只需使大量的虫子聚集在一起，并使他们能够交流。当复杂度到达一定程度时，“集群”就会从“虫子”中涌现出来。

若要释放这种集群的能量，那么就必须让每个个体都有充分的连接。如果通过该角度来想，在我们的协作中，除了“传话人”对打通个体连接产生的阻力，还存在着很多因素在阻碍着这种连接。比如在工作中，设计文件通常由设计师负责统一管理，我们在引用 figma（一款在线设计工具）之前，设计文件多存于本地，如此对于其他职位的员工来说，像设计文件这样的信息是非常陌生的，当其他员工需要一些设计图时就得找对应的设计师去要，如果这时该设计师无法立即发送设计图，那么一次简单的协作时间就会再次被拉长。很明显，此时的设计师在某种程度上就形成了“中枢纽带”，阻碍了需求与方案的连接。如果此时有一个更快捷的办法，如在一个共享平台中存留各个模块的名称，后面再附加一个对应的设计图的预览链接。这样的汇总文件可以无须设计师介入就能为业务方与设计文件搭建起一个高效的连接。并且基于一款在线设计工具来说，维护一套这样的汇总文件并不需要花费设计师太大的成本。在协作中不断尝试去掉这种“中枢纽带”的存在，或许也就是“去中心化”的思路对设计协作效率的正向作用。

3. 关于符合预期

任何协作都带有协作目的，因此也就存在是否达成预期的属性。如果一次协作最终不能达成各方想要的目的，那么就不会有人在乎这个协作的过程有多棒，或者说即便各方只是想从讨论的过程中获取一些灵感，那也必须体现在获取到灵感的基础上，这个讨论才有意义。

对于满足目的这一点，似乎很容易让人误解成鼓励设计师去迎合别人，认为照着别人说的做就是符合他人预期的合作，如在业务方的视角中，最好是他们在提完需求后的下一秒就能拿到设计图，而且设计图最好正是自己心里所想的样子。但这在实际工作中并不现实，如果设计师努力往这个方向去靠，那么在协作中也会出现问题。

很多时候，业务方所期望的结果并不准确。比如在设计时间方面，当其描述自己的期望时间时，对设计过程这类信息的掌握是缺失的，那么对于时间的评估自然就产生了偏差。同理，由于设计师对整体项目进度的了解缺失，对设计时间的评估有时也会脱离实际。如果大家在一个错误的预期上进行协作，难免会造成结果与预期不符。所以说到底这还是由于信息不透明，没能在每个人的视角中呈现出一个相对全面的影像所带来的问题。

在传统协作中，这种问题暴露得更为明显，业务方抱怨设计效率低，设计方案也不是自己想要的。设计师认为留给设计的时间不够，并且协作者一直在干扰设计的发挥，这些问题都是源于信息不透明所致的。另外在传统协作中，需求的产生过程与设计过程是在一个闭塞的环境下完成的，产品经理经过长时间的思考，完成一份完整的需求文档，再由设计师负责执行，在设计执行前，设计师很难了解需求产生的过程，另外，在设计执行期间，其他人对设计的完成情况也很陌生。比如，一个为期两周的设计执行，那么除设计师外的其他人只能看到开始及最后的呈现，对设计执行的过程并不清楚。大家都很难了解彼此，所以也就很容易产生不符合预期的负面结果。

传统协作方式中造成方案与预期不符的原因

造成预期不符很多时候正是因为信息闭塞，及时、明确的反馈在协作中就变得极为重要。在协作过程中，任何环节都应该给予协作者适当的反馈，让彼此之间更加了解任务当前的状态。比如，我们把每周的设计评审及估时设定在一个固定的时间，并且把预估的交付时间填写在一个固定的文档中。这样在协作者看来就非常明确了，只需要在这个时间内打开这个链接，就能了解不同需求的设计进展情况，如此这个信息就变成了一个非常透明的状态。另外，在完成设计时，难免会有一些需要改动的地方，所以还应该考虑到给予协作者补救的时间，那么设计文件在交付日期的前半个工作日，就应该反馈给对应的业务方，进行一个校对的环节，以确保设计图在交付给研发工程师时，达到一个完全确认的状态。

公开、透明的设计流程信息

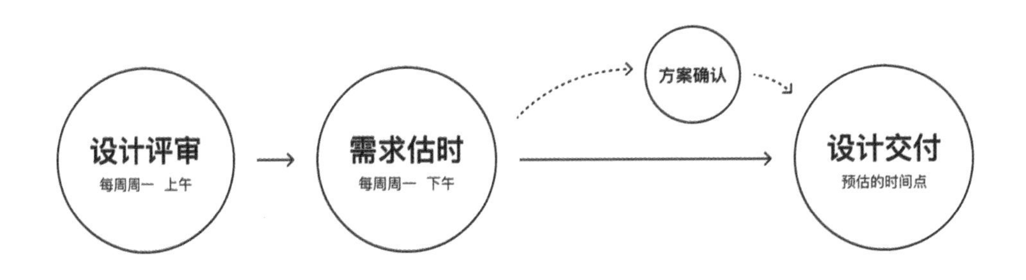

当协作中的每个环节都变得公开、透明时，或许很多不符合预期的问题也将得到很好的解决。不过值得一提的是，虽然这个提议所有人都会赞成，但在实际运用中会因缺乏一个更高效的办法而很难进行下去。我们在很早之前就知道设计师要尽可能地提前介入项目，以及要紧密地跟进产品上线，如何介入与跟进呢？难道要坐在产品经理和研发工程师旁边看着他们完成任务吗？这样做成本太高，显然不太现实。这一点烦恼在产品经理和研发工程师视角中也是如此，如产品经理曾经经常坐在设计师旁边，边沟通边修改设计的举动，或许就是他们为了让协作更加透明而采取的方式，但如此虽然解决了信息透明所带来的反馈问题，也丢失了效率。到最后这种方式的协作自然也就慢慢消失了。

不过随着协作工具的完善，如今这种高效且满足及时反馈的协作逐渐变成了可能。比如在设计环节，基于网络的设计工具，满足了把设计过程展现出来的诉求，协作者不需要跑到设计师的工位便随时可以查看设计的工作状态及设计图的完成情况，因此设计过程中的每个细节都开始变得更加透明，这就是大势所趋。按照该思路来想，如果产品经理的文档编辑工具也采取了在线编辑，或许可以让设计师及研发工程师更高效、全面地了解产品文档的进展情况。如此，所有角色所获得的信息也会变得更加全面，当然，也就更容易达到协作的预期。

4.1.2　协作中的情感维度

情感维度考虑的是协作者的心理感受，在协作中，每个角色的感受都很重要，尤其是对于像互联网产品这种需要多角色紧密协作的项目来说，就更是如此了。协作者的心理感受影响着每个协作环节的顺畅程度，进而也会作用于协作的最终结果上。我们曾在“情感维度设计”的章节讨论过：为人所用的产品都应考虑到情感维度，用户感受的好坏会影响到其接下来的行为，这一点在设计协作中也是如此，“设计协作”是由人组成的，因此也就自然无法避免设计师对情感维度的考虑。

在正常情况下，增加协作者的正面情感有利于减少协作中的阻力，让协作变得更加和谐、融洽，在协作中应该得以强调。相反，过多的负面情感则会拉开协作者之间的距离，进而增加协作的阻力，应该尽可能避免。除此之外，负面情感可以引起人们的警觉，需要协作者重视的场景也同样应该尽量唤起其负面情感，以避免错误的发生，保证后续协作的良性运转。

1. 协作中的情感

正面情感可以让协作变得更和谐、融洽，并激发人们更多的想法，所以在“头脑风暴”中，通常需要协作者先分享一些让人放松的事情进行热场，而其中最忌讳的就是对别人的想法进行批评或指责，因为批评会让人进入紧张的状态，进而产生自我防御心理。当协作者产生了这种防御心理后，接下来的探讨也就开始变质，甚至还会演变成一场毫无意义的争辩。

这一点在所有的协作场景都是如此，当我们对协作者进行指责时，就会表现出向其发起攻击的状态。在这种情况下，无论是设计师还是产品经理或研发工程师，都会展示出防御的架势，这时双方的关系就演变成了敌对，而非队友。

避免思考受到情感的干扰是所有协作中的理想状态。但情感极其强大，我们在做任何决定时都难免会受其影响。即便我们努力自我“催眠”：对方忠言逆耳，大家都是为了产品好，我们只是角度不同。但在面对强烈的情感冲击时，还是难以摆脱。无论是否愿意承认，这种情感就在那里，并且影响着我们所说的每一句话及所做的每一个细微的动作。

如果要避免这样的对峙，让更多的探讨围绕着问题本身，那么在协作中就应尽可能地避免给予协作者否定的评价，如“你这个做得不行，必须得改”，这样的评价会让对方产生强烈的负面情感，因为不仅自己的方案被否定，还需要花时间去修改，并且话术中也没有提到哪里不行及怎么修改的引导。这种不友好的沟通并没有考虑过协作者的感受，如此对方又怎么能再去考虑我们的感受呢？于是一场扯开嗓子的争辩也就合情合理地发生了。

其实很多时候，我们带有否定的评价都并非有意而为，评价对于协作者来说成本很低，因为只需描述自己的感受即可，如果其他协作者善于观察，就能从三言两语中读取到产生问题的真正原因，协作圆满完成。而如果考虑到其他协作者的感受，那么我们提出问题的成本就会增高，因为首先需要控制自己不表达主观感受，其次又要了解其他协作者这么做的目的，最后还必须找到产生问题的真正原因，并且还需要提供一些解决问题的办法给其参考。虽然麻烦，但可以让协作变得更和谐、融洽。如果按照这个思路，上述的否定评价就应变为："你的方案中由于 xx 原因，产生了 xx 问题，我想你是为了解决 xx 问题，但如果换成 xx 方案是否既可以解决你的问题，也能避免我刚提出的这个问题，你觉得呢？"如此才是站在协作者身旁，帮助其解决问题的阐述方式。

向其他协作者提出问题的前提条件

情感会让我们的判断产生偏见，这一点对于设计师来说也是如此。比如在探讨设计方案时，设计方案被各种原因否定已经不是什么罕见的事情了，但即便如此常见，也仍然会让每位设计师抵触。尤其是对于刚刚辛苦完成某件作品的设计师来说，每一句否定的言论都显得格外刺耳，不过此处的"刺耳"除了因为方案被否定的原因，在一定程度上还受到了"刚刚辛苦完成"的影响。在《思考，快与慢》一书中，有一个很好的例子解释了这种心理状态。

两个狂热的球迷计划到离他们约 64 千米远的地方看篮球比赛。其中一个人购买了门票；另一个人在买票的途中遇见了一位朋友，免费得到了门票。现在，天气预报称比赛当晚会有暴风雪。那么，这两位拥有门票的球迷谁会更愿意冒着暴风雪去看比赛呢？

答案很明显，购买了门票的那个球迷更有可能坚持去看比赛，因为不去看比赛对于这个人来说影响更为消极：除了不能去看比赛，现在钱还没了。这个例子与设计方案探讨有着很多相似之处，即便方案被否定是一件消极的事情，而且如果发生在自己刚刚辛苦完成的作品上面，负面情感就会更加严重。相反，如果被否定的方案不是由我们完成的，或者完成得比较轻松，这种消极的感受就会有所减轻。而当设计方案探讨受到这个因素的影响时，那么就说明我们的判断已带有偏见。其实无论我们耗费了多少精力，都已经属于过去的事了，这个精力已消耗且不能拿回，那么接下来的行为也就不应受到这些因素的影响。

无论是自己辛苦完成的，还是轻松完成的，甚至这个方案根本不是我们设计的，在讨论时并没有什么不同，我们所需考虑的只是当下这套方案是否真正可行。想要执行这个理性的思路，不妨在方案探讨时尝试问自己一句：“假如这个方案不是我设计的，那么我会和设计师的想法一样吗？”但这一点在现实中执行起来并不简单。

努力让协作趋于理性，减少情感所带来的偏见，可以让更多的讨论围绕着问题本身。同时，也应避免由于情感原因给其他协作者造成偏见的思考状态。不过这一点在实际协作中还面临着另一层阻力，即多角色诉求上的矛盾。比如很多的设计方案都会面临开发成本过高的问题，从开发的视角来看，成本过高被视为一个问题，因为复杂的代码意味着程序 Bug 的增多和性能的消耗。但这一点对于设计师来说显得无关紧要，很多设计师认为开发难实现是开发的问题，与设计无关，不能因为开发难，所以就妥协设计。

这样的想法无疑是把协作者放到了对立的位置，又同时表现出了一种“滥用职权”的态度。说到底还是因为只考虑了自身的感受，而忽略协作者所致。其实当类似的事件发生时，我们的协作者是在求助，而非等待我们像“领导”一样给予其“允许”或“不允许”的指令。在协作中很多技术实现起来有困难，其实只要设计上的一点儿修改就能得到很好的解决，这种修改并不是妥协，而是发现一个更合适的办法。退一步说，即便当时很难找到两全的解决方案，我们也应表现出努力在找解决方案的态度，而非“我接受不了”的拒绝，如此才能与协作者站在一边，共同对抗所面临的问题。否则就会陷入“这个必须得改”和“我就是不改”的协作死结。

2. 设计师的性格

在协作中，过于在乎个人感受往往会让协作陷入僵局，但这也并不意味着就要不断地去迎合他人的想法。相反，过于迎合他人，反倒会给人一种缺乏思考的表现。

我们工作中的每一次判断或思考都会受到个人感受的约束，而这些感受又何尝不是自身性格的一种表现呢？随着协作时间的增加，这种性格就会随着一些行为细节自然而然地流露出来，想掩饰也掩饰不住。因此，即便对于同样一类事件，有些人就会表现出亲切、友好，而有些人则会表现出冷静、严谨。不同的性格体现在很多时候并没有好坏之分，在正常情况下，我们总是会根据自身的需要，去吸取一些外界的知识，来让自己的思考更加完善。但如果强行去套用一些本不符合自身或当下场景的技巧，那么便会给人带来一种不自然的违和感。

工作中乱用沟通技巧会给人一种虚伪的感觉。比如，在给别人提出问题的时候，先赞赏别人一番，有时更能让人接受，但如果经常使用像“你说得很对，但是……”这样模板似的技巧，那么对于熟悉这个套路的人来说，前半句就会被视为一句毫无营养的废话，并且也会认为协作者不够真实、直接。技巧类的方法往往无法直接套用到实际场景上，因此，对于这些技巧的运用必须进行符合个人性格或当下场景的二次加工，才能更合时宜。

对此，有个真实案例可以解释硬套沟通技巧所带来的沟通问题，不过在此之前，我需要向大家简单介绍这本解决冲突的著作——《非暴力沟通》。

《非暴力沟通》是一本讲解关于沟通方式的图书，在书中作者提到了沟通的 4 个要素：观察、感受、需要和请求。

- 观察是阐述者强调自己看到的事情，而非主观评价。
- 感受是指阐述者找到自己的感受，而非外界需要自己做什么。
- 需要是阐述者描述造成自己感受的原因。
- 请求是指阐述者期望他人采取的行动。

在书中，作者强调“非暴力沟通”不是固定的公式，它需要根据个人风格及文化环境做出调整。

但在一些沟通中，仍然存在忽略作者的提醒，按照公式来套用这个沟通方式的情况（以下案例中的信息存在加工，但基本情况是真实的）。

在某次问题沟通时，一位协作者阐述道：“我在规则中已经写清了对应的做法，你们还是看不到。对此我很不满意，我期望合作可以更加高效，所以麻烦你们以后看一下规则，好吗？”当我还没有去阅读《非暴力沟通》这本书之前，我完全无法理解居然会有人说出“我很不满意”这样的话，以及充分传达出了“自己很高效、你们都不高效”的蔑视含义，并且也没提出让其他人更方便查看规则的解决办法。除了让人很吃惊，也让当时的沟通陷入了僵局。直到我阅读了《非暴力沟通》这本书之后，才恍然大悟，原来当时的协作者只是在试图运用一些沟通技巧，或许他并没有刻意挑事的意图。

虽然每一句话都合理地运用了沟通技巧，但如果不结合实际情况，表达出来的内容就可能会变得异常僵硬。在现实中，不存在一种绝对通用的沟通技巧，即便我们有意识地去套用一些沟通技巧，也应通过自身风格、所属文化及当下场景来提取沟通技巧中最合时宜的部分，如此才能表现出更加自然的感觉。

3. 协作中的文化

关于协作中情感的最后一点是文化。不同的文化会在一定程度上影响着我们的协作关系，无论是各不相同的团队文化，还是适合我们每个人的东方传统文化，都会潜移默化地影响我们的协作思路。在同一种文化下，即便彼此之间都不熟悉，也能在一定程度上猜到大家的诉求是什么。

团队文化会直接体现在招聘要求上，因为这样可以从根本上筛选到最符合自己团队的成员。比如，一个团队提倡冷静、严谨，那么在面试时表现出强烈情感的面试者，就会在这一层面上有所减分，甚至可能因为这个原因不予通过。这个减分并非指面试者做得不好，只不过是与团队的契合度不够罢了。

不过在现实中，想要真正获取到某个团队文化的信息其实并不简单，很多团队并不会喊出团队文化的口号，甚至都说不上来团队文化到底是什么，或者说即便喊出了口号也并不一定就是真正的团队文化。团队文化的体现与团队中的每个成员都有关系，事实上，当一群人在一起合作超过一定时间后，自然而然地就会形成一些约定俗成的规则，这些规则即便不被写出来或喊出来，大家也都会遵照着去做，这或许就是团队文化的真正体现。而若不身在其中，往往很难清楚这个文化是否符合自身。

协作中的每一个细节行为在一定程度上都会受到团队文化的影响，所以当我们身在一个低调务实的团队中，往往很难看到会有一个人站出来，高昂地喊出："这件事由我负责牵头推进。"如果出现一个像这样高调行事的个体，甚至会被视为一种对集体文化的宣战。

不过，面试者也没有必要去为了满足某个团队的要求，而刻意表现出本不属于自己的样子，这也是对彼此负责的体现。因为这样除会带来违和感之外，即便面试顺利通过，也会让自己进入一个本不属于自己的环境，进而产生不适感。

除了团队文化，东方传统文化在很多场景下也同样影响着我们工作中的协作方式。东方传统文化中讲究慢热、内敛，若直接阐述"我很不满意""我很不高兴"这样的个人观点，往往就会给人一种过于自我、过于粗犷的负面感受，更重要的是在协作中，表述个人感受是无价值的信息，任何协作都不是为满足某个角色的感受而存在的，这样除了让人感到反感，也因无效信息的增多让信息传达变得低效。这就是协作中情感维度对行为维度的影响。

4.1.3　协作中的细节维度

最后，让我们来探讨细节维度在协作中的运用。细节维度存在于行为和情感维度之中，并决定了行为和情感维度的深入度。同时，细节对应着整体，比如设计方案完成后进行研发，研发完成后进行上线验证，这是产品迭代的常规流程，但期间如何保证这套流程更顺利地进行，则需要很多协作上的“分支”进行辅佐，而这个“分支”就是协作中的细节。在“细节维度设计”一节中，我们曾提到细节是一个相对概念，不同团队及不同设计师所捕捉到的细节各不相同，因此，到底多大颗粒度的细节才算得上细节，我想没有人可以定义出一套标准答案。设计师根据实际情况，捕捉到属于当下环境中的细节，便可以让协作更加协调。

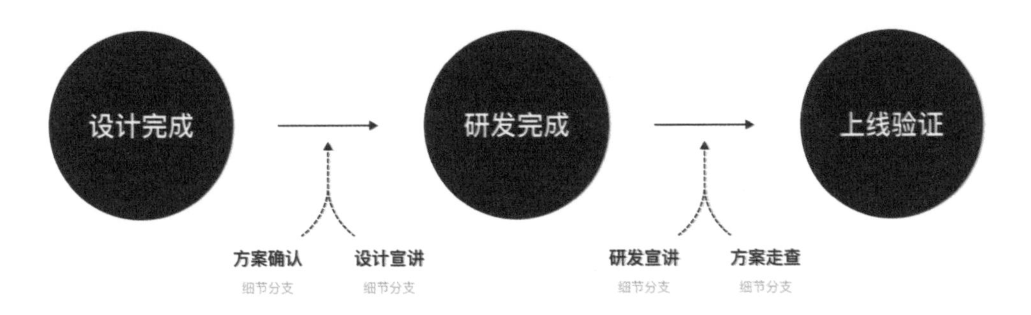

在协作中设计师可以考虑到更全面的细节被视为工作专业、严谨的表现，因为协作者很多时候并不了解设计方案中细节对用户产生的影响，与此相比，协作中的细节带给自身的体验则更为熟悉。比如在设计方案完成后，当设计师发现某处设计有了更好的方式时，便会去修改设计，但对于研发工程师来说，这处修改有多大的提升是很模糊的，而“确定了后修改”的问题显得格外清晰，即便内容的改动不会牵扯到太多的开发成本，仍然会给协作者一种“方案不确定”的负面感受。不过很有意思的一点是，设计方案允许完成后进行修改，对于业务方来说，则是提高需求容错率、反馈及时的一种体现。

这种看似矛盾的现象其实在常规协作中并不矛盾，如我们在设计交付前，应该给业务方预留出一部分修改需求或提出设计建议的时间，而不是临交付前才让业务方看到设计，或者在设计的过程中，就不断地去渗透一些不太确定的问题，如此就能在一定程度上提高需求的确定性，同时也能提高设计的确定性，而这样也恰好避免了一定程度的设计问题在开发阶段才暴露出来的现象。

当设计进入研发阶段后，每一处的修改都应该谨慎起来。因为此时的设计图已经不再属于设计师自己了，它会牵扯到整个协作环节，很多设计问题的修改都可能引发其他问题的出现，而这些问题往往又不是我们熟悉的领域，所以很容易被我们忽略。

在现实协作中，无论是业务方还是设计师，对于研发中的方案修改都容易出现偏见。我们往往更容易看重自己方案中的问题所带来的负面结果，而忽略了要修改这个方案所带来的其他负面结果。比如，当我们在项目快上线前发现了一处设计问题，我们首先可能这样想：如果带着这个问题上线的话，用户使用的感受会很差，他们可能吐槽这个问题，作为设计师的我们甚至还会被问责；而修改这个问题会增加研发和测试成本，甚至可能因为这个问题的改动增加不少技术上的 Bug，这一点我们就不会太去思考。有人称：“走查不就是为了发现一些我们之前没想到的问题吗？”但走查是上线前的最后阶段，在这样的阶段，怎么能允许出现我们还没想到的问题呢？这样的言论我想其根本原因还是没有考虑过合作伙伴们的工作感受。

对负面结果判断的认知偏差

过度关注熟悉领域
如某处设计出现问题所带来的负面结果

忽略其他领域
如修改该设计问题而造成的研发成本增加

如果考虑到一处问题的修改可能引发其他问题，或许就可以避免很多在开发过程中“脑袋一热”所产生的设计修改，如此也能督促自己让今后的设计在进入开发前，就有一个更为严谨的考虑。不过在现实工作中，问题的出现是无法避免的，即便设计师竭尽全力地做到严谨，但在开发过程中仍然会暴露一些未知的问题。这一点无论是对于设计师、产品经理还是对于研发工程师来说都是如此。

因此，除了做到尽可能地去避免错误的发生，当错误出现时也必须考虑到如何补救。对于研发过程中遇到的问题优先级应被排列到较高级别，首先是这样的问题一般比较紧急，研发工程师往往在遇到了这样的问题后才会触发这样的反馈；其次，这样的问题往往都是客观存在的问题，正如前文所述，主观问题应留在研发之前，研发中的主观问题都应被视为“脑袋一热”的问题；最后，这样的问题比较琐碎但比较容易解决，如果在研发阶段出现大范围的设计改动，那么一定是中间哪一个环节出现了严重的问题，可被视为项目事故，也必然会造成项目延期，对于这种事故来说，最有价值的不是如何应付过关，而是应被单独拿出来进行项目复盘。

及时的补救机制可以让问题对协作的影响降到最低，同时也能给协作者带来反馈及时的正面感受。但这一点需要占用设计师一部分精力，这个精力应该被设计师考虑在之后的工作规划中。可以预见的是，一些重点项目或内容较多的项目，研发中所遇到的问题也必然会随之增多，如果在后续的工作计划中没有考虑到这一点，那么当众多问题扑面而来的时候往往就容易因精力不足而造成问题处理不当。

在设计交付前，设计师需要给业务方预留出一定的补救时间；在需求跟进中，设计师需要考虑到设计的及时补救；而在研发之后的设计走查阶段，在一定层面上也是一种补错场景。

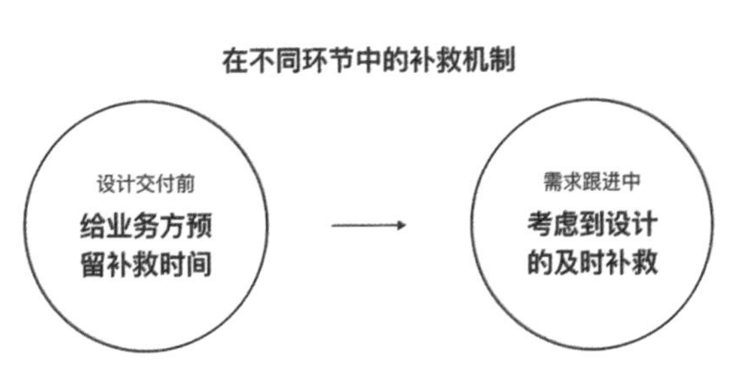

设计走查是产品研发中一个比较重要的补救阶段。不过，设计走查的目的并不是发现我们自己在设计阶段没想到的问题，而是发现研发的最终产物与设计产物是否匹配的问题。这一点很重要，所以此时除非暴露了严重的问题并且得到了所有参与者的确认，否则就不应再去改动设计方案本身。

整体来看，设计走查无非是让研发出来的实际产物尽可能地还原成设计产物。但在这个看似简单的过程中也仍然存在着很多协作细节，如在早期的设计走查中，我们曾非常主动地去督促研发工程师，我们不断地去询问什么时间可以走查，以至于平均每个需求要追问三到四次才能拿到对应的测试产品，如果是涉及多端，那么询问次数或许还会翻倍。这种协作方式虽然在研发工程师眼中可以更轻松，因为无须想着“设计走查”的事情，会有人主动提醒，但对整个项目来说显得非常低效，如果出于整个协作的考虑，那么在研发完成之后由研发工程师主动提供“已完成研发，可以走查”这个信息，显然要比设计师反复询问高效得多。

我们还曾主动地去研发工程师的工位看着他们修改设计问题，在当时我们认为如果不去“监工”，他们就会偷懒，不给我们修改设计。这一点算是犯了一个大错，时间久了，很多研发工程师依赖上了这种协作模式，于是经常出现“请来我身边走查下设计”的情况，甚至我们还因此组织过“设计走查会”，很多设计师及研发工程师在同一时间到一个会议室中，在类似“闹市”一般的会议室集体走查设计。当面沟通看似是效率最高的沟通方式，但对于设计走查来说果真如此吗？其实未必，很多设计执行后到设计走查阶段要经历很久，这时设计师对设计方案中的细节也难免会忘记。另外，口述一些细节远远没有文档直观，因此对于某处细节的位置问题，当面沟通只能用“向上一点，再向左一点，嗯……好像差不多了”这样的传达方式，而如果以文档的形式则能附带设计效果图与研发后的界面，在具体位置明确标注出具体差多少像素即可。

以文档形式为主的设计走查

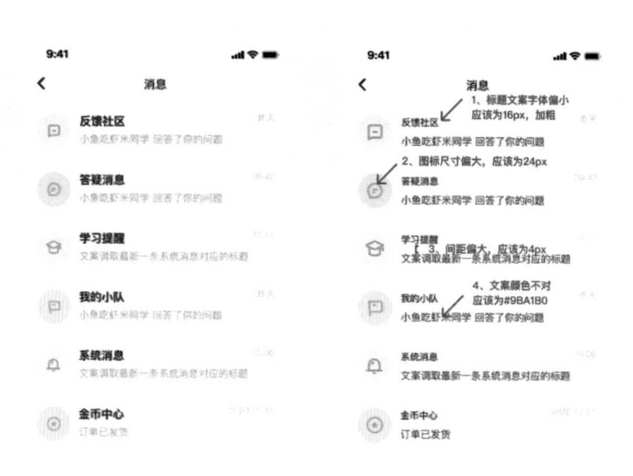

设计图　　修改建议图

更重要的一点是，当面“监工”的做法使设计师浪费了大量的时间，走查几个小时，甚至一整天都很有可能，而以文档形式的标注则不会这样。设计师走查以文档的形式存入一个固定的网址，并通知研发工程师。在这样对比明确的文档中，很容易看出问题在哪，也在一定程度上减少了纯人力堆砌，更重要的是这样的形式是公开、透明的，除了研发工程师，测试工程师及产品经理同样可以看到对应的问题，很多测试过程中遇到的未修改问题也会顺带提给研发工程师。

不过对于设计师来说，影响设计走查效率的最重要因素是研发的还原质量，如果研发错误过多，那么即便再高效的沟通，也会因问题数量的增多而增加走查成本。

关于还原质量这一点，我们曾发现有些研发工程师对设计方案的还原度过低，几乎每个需求都需要消耗设计师大量的时间去标注还原度问题。在某一次项目中，设计师竟然标注出了一百多处设计问题，又经过了四轮的走查，才把问题全部消化，这超出了常规的走查预期，也让整个协作变得低效。

我们或许都很清楚产生这个问题的根本原因就是研发工程师不够细心，但这样的信息对于我们来说没有任何价值，因为我们不能以命令的语气对这位研发工程师说：“你怎么这么不细心，请下次细心一点儿。”我想这样的说法对于问题来说毫无用处，我们也不能要求他今后提交走查的时候先自己检查一遍，再提交给设计师，因为我们知道这样的效率会更低（研发工程师看到的细节没有设计师看到的准确）。同时，我们也不能去上报给他的领导，让领导去命令这位研发工程师以后要注意细节，因为这样不但不能解决问题，或许还会引发协作者的不满，没准儿还可能演变成相互指责，这不利于今后的协作。

这个棘手的问题一直困扰着我们，无法解决。其实归根结底的原因是作为设计师，我们不了解研发过程中发生了什么才造成了这样的问题，所以很难提出一个有效的建议，即便与这位研发工程师进行沟通，也不会获得什么有价值的信息，我们无非会说：“这次的需求太多了，有些我根本不了解，下次有这样的需求最好可以提前跟我们讲一讲。”但这些都不是本质的问题，因为文案中很多对齐、字号的细节是没有办法提前讲的。

这个问题的突破口出现在一次与其他研发工程师的沟通中，我发现其他组的研发工程师对设计图的还原度很高，高到每次项目几乎无须走查。于是我去咨询这位研发工程师为何能把还原度做得这么好。结果非常令人惊讶，他说：“开发时，只要看设计图的标注，即便不用检查也至少可以避免 70% 的错误，我们这边也不会写完界面后再去检查。”原来还原度不高的协作者竟然从来没有看过设计图的标注，这一点发现虽然表现得合情合理，但对于不熟悉技术的设计师来说，真的很难猜到。如果研发工程师在开发时看着标注，那么至少能省掉大家几天的走查与沟通时间，只要简单地换算一下时间，就会发现对着标注写界面所消耗的时间要远远少于后续走查、修改、再走查、再修改所用的时间。这无论是对设计师，还是对研发工程师来说都是有好处的。

如此一个细节让我们之后的协作顺畅了不少。其实，我想研发工程师自己很清楚哪里发生了问题，只不过不愿承认罢了。但我们努力去帮助对方寻找解决办法的态度，对方是感受得到的。通过该问题的解决，研发工程师感受到了这个问题的存在，也很清楚两种写代码方式整体所带来的时间消耗不同，因此自然而然地就选择了对照设计图的标注写界面。更重要的是，通过这次问题的解决，我发现了一个可以复制用于很多场景的办法，即若要解决自身不熟悉领域的问题，那么首先要发现在该领域做得好的人，然后去咨询并获取他的解决办法，之后复制他的办法去应对这个问题，以此便会产生一个很好的结果。

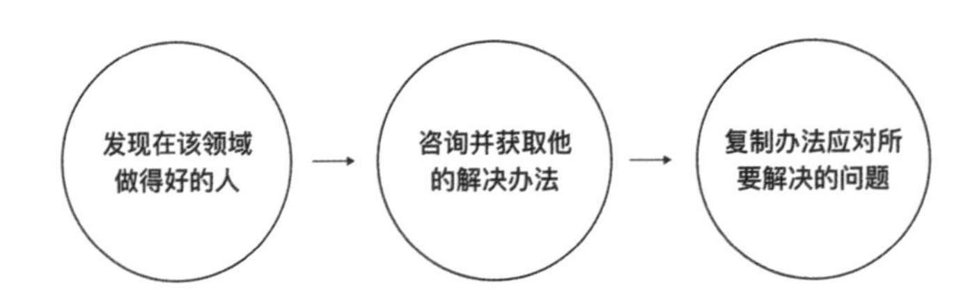

试想一下，如果当时为解决这个问题选择了粗暴的方式，去他的领导那投诉这位研发工程师，那么最理想的状态也就是解决了细心的问题，但这样在之后的协作中就会让研发工程师与设计师产生对峙，也或许会因此产生更多其他的问题。在之后的协作中，或许研发工程师不会去考虑设计师的感受，相反还可能会故意去刺激设计师的负面情感也说不定。

协作中同样存在着行为、情感与细节。一个良好的协作环境可以让协作之间的关系更加高效、协调。而高效所节省下来的时间则可以用来发现更高效的办法，如此便进入了一个良性循环。不过在现实中，每个团队所面对的问题各不相同，比如像一些初创团队协作会更加轻松，或许并不会遇到本文所提到的这些问题，而一些团队的协作关系或许比这里所提到的还要复杂。不存在一套绝对的协作框架可以应对所有的协作场景，就好像没有一套设计方案可以应对所有的产品一样。因此，3 个维度的运用必须结合自身的实际情况，才能让协作变得更加和谐。这就是设计视角中的协作体验。

4.2　团队与自驱

一个鸟群并不是一只硕大的鸟。科学报道记者詹姆斯·格雷克写道："单只鸟或一条鱼的运动，无论怎样流畅，都不能带给我们像玉米地上空满天打旋的燕八哥或百万鲰鱼鱼贯而行的密集队列所带来的震撼……"

——凯文·凯利《失控》

一个个体即便能力再强也无法带来像群体一样的能量。在设计工作中，这种群体的能量无论是在设计方案的产出上，还是在每位设计师的成长上都表现出了显而易见的效果。在设计团队中，设计方案更容易做到多人决策，除了设计的执行者，设计管理者和其他设计师都能参与方案的探讨中。同时，每位设计师也可以更容易地接触到其他设计师的想法和所遇到的问题，实现资源与问题共享，因此在成长上也就更加快速。

团队的良性成长依赖于团队内的每一位设计成员，即便初出茅庐的设计新人，也是团队成长的重要组成部分。在工作中，新人更像是协作关系的一面镜子，因为新人对各个环节不熟悉，所以相对更容易暴露出协作问题，如当新人频繁违反约定俗成的规则，或不断咨询规则造成执行效率过低时，这或许并非其能力欠缺，也可能意味着规则本身过于复杂、难以让常人理解。

很多时候，我们在协作中更倾向于去责备那些违规者，而非去关注违规的真正原因。如果这份责备来自团队的掌权者，或许其还会针对这样的违规行为制定更复杂的制度，而这样的制度还会牵连到其他人也说不定。其实大部分违规行为都并非有意而为，尤其是在设计新人的视角中，他们很难意识到造成自己出问题的原因，他们或许也同样会责备自己粗心，或者自己工作速度慢。如果在这种情况下，再给他们施加压力，也必然会增加他们的挫败感，甚至会让他们讨厌这套规则。更重要的是，不断地为执行者施加压力并不是一个有效的办法，也很难从根本上解决这样的问题。

在互联网工作中，乱用"命令"被视作一种无能的表现，也是最难见效的办法。无论是在设计方案上，还是在协作规则上，如果执行者没能感同身受地理解其中的好处，那么即便再严格的要求，也很难达成掌权者的理想预期。而一旦这个“命令”出现问题，那么今后“命令”的可信度也至少损失一半。一个团队如果只受少数人管制并对其他成员实施压制，这样的做法在实际运行时有着极高的管理成本。不论这位掌权者的能力有多强，都很难让团队达到一个良性的运转状态，当然也就更谈不上如何让其中每个个体都为这个团队注入能量了。

这里不妨让我们把设计团队看成一套系统，一套由众多设计师组成的高级系统。这套系统运转得是否良好，不只由某个能力强的个体所决定，每位设计师的能力及其之间的协作关系在其中都起到了至关重要的作用。这套系统拥有自我成长的能力，可以让自身更加完善。同时，这套系统更像是一个富有生命的系统，具有独立运转的能力，这也是它与机器的主要区别，机器完成任务只能依靠外界的推力，而这个有生命的系统则拥有自我驱动的能力，并根据外界环境而自我进化，这是团队所带来的能量，也是其精髓所在。

4.2.1 如何为团队设计

如何为设计师建立一个更加高效、舒适的协作环境，以及如何让整个团队的运转更加顺畅，是为团队设计时需要考虑的问题，这些问题并不应该单独由设计管理者去完成，而是每位设计师都应该为此努力，因为为团队设计从某种意义上来说也是为自己设计的一种体现。

相比于多角色的协作诉求来说，我们在考虑设计师自身的诉求方面有着先天性的优势，因为大家所处的环境相同，所以往往更容易做到了解彼此，如我们都很清楚设计师对自己的作品都比较看重，我们也更能理解他人对设计师的作品进行批评后所带来的负面感受，而这些我们所了解的真正诉求也正是我们要抓取的重要背景。

1. 自下而上的协作优势

很多团队协作规则的制定是自上而下的，规则优先考虑的是管理者对团队的“期望”，而非执行者的诉求，这些规则通常被用作压榨执行者的工具。比如，团队期望每个人都能有一个更高质量的输出，于是试图在设计交付流程中增加很多限制环节，增加过稿次数，增加单个需求方案的产出数量，以及要求把每个需求都写出设计过程。但这些限制给执行者所带来的成本，规则制定者不太在乎，以此思路产生的规则，无论其表达方式上有多委婉或华丽，其带来的结果都那么显而易见得让人抵触。

设计团队内部经常滋生矛盾，这些矛盾很多时候正是由于视角不同所造成的，同时，这些矛盾也是阻碍设计协作的主要原因。这一点在设计管理者与执行者之间更为突出，这两个角色总是会出现视角上的鸿沟，彼此对立。在管理者看来，执行者不听管控是团队变好的巨大阻力；在执行者看来，管理者的想法总是以牺牲执行者为前提。另外，每一个执行者之间也存在着一定的视角差异，设计师往往都认为自己的想法更加优秀，其他人的想法总是存在各种各样的问题，这一点在方案探讨中时有出现。有些设计师比较直接，对于“不入法眼”的设计方案，要么只字不提，要么将其批评得体无完肤。如果被批评的也是一位性格耿直的设计师，这个“探讨”或许还要再深入下去。

管理者与执行者的视角鸿沟

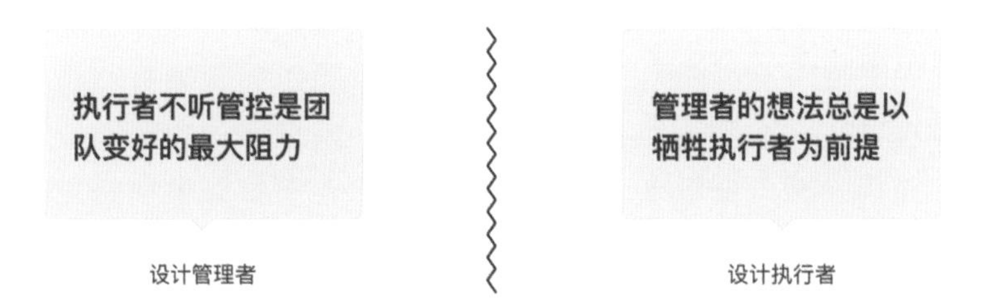

不知从何时开始，网上的文章都在鼓吹“作为设计管理者 / 资深设计师，你应该意识到视角的转变”，其实并非如此，设计师自始至终就不需要视角的转变，只不过是视角所面对的对象不同了而已，视角的差异也正是团队矛盾的根源所在。

在设计团队中每位设计师的视角都应该很好地统一起来，如果在协作中能考虑到彼此视角中的诉求，那么团队即便没有任何制度，也至少能让协作关系顺畅一半。也只有这样，才能让彼此的合作更加协调。若是按照这个思路来看，自然也就不会出现对他人作品的过分评价了。因为评价无非是表达了自己的看法，这比较简单，而若是考虑到对方需要付出的成本，就会发现两者的投入并不成正比。更重要的是，对方出于本能的防御，往往并不会让这个“探讨”走向一个更好的结果。

其实，团队中由于视角不同产生的问题随处可见，如大部分的设计团队都有设计方案审核流程，设计方案需经历设计管理者的审核才允许交付。但与其说是审核，倒不如把这个环节看成“提建议”更为合理。很多时候，设计管理者对于需求的理解并不如一线设计师那样深入。所以对一些细节的思考是不全面的，除非设计管理者紧跟每个需求的细节，但这并不现实。

如果每个需求都由设计管理者亲自决定，只会出现两种结果：

① 管理者应对的决策过多，思考粗糙，甚至出现错误；

② 所有决策堆积给管理者，执行者变成工具，负责画图和传话。

显然这两种结果都是恶性结果，当多条任务线最终都必须经过设计管理者这一个通道时，整个流程也因此变得臃肿、低效。不过当前行业中的问题是，虽然管理者不能深入了解每处细节，但团队又要求管理者必须对所有设计产出负责，这对于管理者来说，显然并不是特别合理的。

这样做或许也能保持团队的运转，或许在某个阶段下确实是最简单、直接的解决办法，但这样的团队距离一个“高级生命体”远远不及。如此虽然能够满足一些团队的基本运作，但也因此割掉了团队成员的主观能动性，自然也不会孵化出优秀的设计师了。同时，每处设计都由管理者把关做主，这对于管理者自身来说也有着很高的管理成本。

鼓励每位设计师做到“独当一面”是让团队高效运作的前提，也是团队迈向“高级生命体”的主要过程，我猜不会有管理者否定这个观点。但若做到这一点，就必须在工作中的一些流程或交流中有所体现。在前面我们提到的“提建议而非审核”，在一定层面上就是让设计师思考更独立的一种做法。在现实中，设计执行者更容易做到深入地理解项目。管理者对设计方案应该是一个“提出意见”的帮助关系，而不是像领导一样给予“通过”或“打回重做”的审核关系，这样能在一定程度上把设计师拉到身边，建立一个“帮助而非命令”的协作。更重要的是这会让设计师对自己的想法更加负责，也能提升其项目的参与感，同时，又分担了管理者所面临的审核压力。另外值得注意的是，对于一些细节及僵持不下的问题，应该交给执行者去判断并回收验证结果，对于自己所做的决定，执行者往往更愿意去后续跟进，这也能让执行者对细节更加负责。

2. 促进设计师成长的共享机制

设计团队能让每位设计师成长更快，这一点并不是说设计团队中有人会带领着设计师进步。事实上，即便在设计团队中，也很少有设计师能在他人的辅导下真正进步，准确地说，这种辅导仅存在于设计新人在前几个月的工作适应阶段，并且这也不是设计师进步的主要途径。

之所以设计团队能让设计师进步更快，其根本原因在于设计团队可以做到充分的问题与方案共享，每位设计师触及的问题都比自身所遇到的问题要多，同时可以看到资深设计师完成的作品及思考方式，进步速度也自然要比自身孤军奋战更快，这才是让设计师进步的主要途径。

信息闭塞的设计团队不会给设计师带来这样的进步途径，因此即便都是由众多设计师组成的设计团队，设计师的成长也会因信息的通畅程度不同而有所不同。正如《失控》一书中所讲的一样："若要产生集群的能量，就必须使其中的每个个体都能够交流。"在设计团队中，这个能量无论是在方案产出上还是在设计师的成长上，都发挥着重要的作用。同理，若要发挥出这个能量，就必须让每位设计师之间的工作可以做到更高效的共享状态。

关于设计团队中的共享，我个人尝试归类了 3 个方面，归类的原因主要是为了方便阐述，而非刻意去定义某种标准分类方法。

这 3 个方面分别为信息共享（条件）、资源共享（结果）、思考共享（反思）。

设计团队中的共享包括

信息共享（条件）　资源共享（结果）　思考共享（反思）

我们先来探讨信息共享。信息是帮助我们了解一件事情的前提条件，信息的缺失会让行动和思考产生偏差，这一点已经无须再次强调了。公司里的每日早会是信息共享的一个很好的应用场景，早会的原则是只做信息与问题同步，针对问题不进行讨论。每位设计师把前一天的工作信息和今日需要完成的工作信息简单同步，期间有需要针对问题的讨论在早会结束后再做沟通。因为信息简短，自然也不会占用大家太多的时间，同时也达到了信息同步的作用。早会可以及时地把自己所遇到的问题共享给大家，一方面可以为其他设计师接下来的工作提供参考，另一方面也可以寻求有过类似经验设计师的帮助。在这个短短的早会期间，可以让很多问题更快地得到解决，而若是缺少了这个信息共享的渠道，很多问题与解决方案或许只隔着一个人的距离，却造成了大量的成本浪费。

接下来，我们来聊一聊资源共享。资源共享是指设计方案、项目结果和设计素材等资源的共享。资源共享可以增加相同资源的复用率，进而提高工作效率。另外，一位优秀设计师的设计作品往往是其他设计师成长的重要来源，这种进步即便不去刻意学习，也会悄无声息地进行，但前提是要允许每位设计师都可以看到他人的作品。

关于资源共享，滴滴设计团队的"魔方·图库"是一个很好的案例。从滴滴设计团队对此项目的分析中可以看出，在其团队中，使用付费图片是设计师工作中的高频事件，但由于多个设计团队之间的资源共享存在一定的成本，所以会造成付费图片重复购买的现象，"魔方"产品则可以把公司所有付费图片整合在同一平台，既提升了设计师搜索图片的效率，也大幅增加了付费图片的复用率。这种被产品化的资源共享方法很好地解释了资源共享的重要性。

其实即便在同一个团队中，不同设计师的资源也并非处于一个共享状态。在早期协作中，设计作品多存储于设计师的本地电脑，作品同步是一件非常令人"头疼"的事情，设计师每次设计完成后，首先都需要把图片以 png 格式存储在电脑中，然后按照顺序发送到企业微信群中来达成设计效果图的共享，设计文件的共享则需要依托于另一个软件来进行同步，而这个软件的功能非常复杂。同时，设计师与研发工程师协作时又需要借助另外一个软件，设计文件的共享与维护成本过高，造成这个制度怎么强调都很难利用起来，设计师还是习惯性地把文件存储于本地电脑中。若想让资源可以更好地共享，就必须依托于一个简单、高效的协作办法，我想这也是后来在线设计工具崛起的重要原因。

最后一方面是思考共享。说到思考共享，似乎很容易让人想到"专业分享会"，由不同设计师分享一些专业知识。但这个分享会如果真的可以起到思考共享的作用，首先需要有非常高的成本，然后因它受限于内容本身的质量，也需要分享者较高的表达水平，这两点就已经让大部分的分享起不到太大的作用了。另外，它还受限于听众当下的需求，近一小时的专业分享会，如果听众没有对应的需求，往往很难听进去，我相信这个分享会如果不强制参加，应该很少有人会去。与其说把这个分享会作为设计思考的共享，倒不如把它看作培养大家学习演讲，或者给大家创造仪式感的轻松活动更为合适。

思考共享更多地来自日常工作中的交流，评审产品需求就是一个让不同设计师的思考碰撞的时机，这个时机的好处在于其处在设计方案执行前期，所以即便每个人的想法各异，也不会因此造成设计方案修改所带来的成本增加，所以每位设计师在会议上也就可以更加轻松地表达自己的主观想法了。不过，设计师之间的思考共享并非一定要依托于某个时机，它是实时发生的。比如，当一位设计师做完某个设计方案时，就可以找另一位设计师简单地探讨一下，只咨询一到两点即可，如此也不会过多地打扰到对方的工作。同时，在被咨询的设计师看来，这其实代表着同伴对自己的信任，也是一件光荣的事情。在交流中有一个促进团队和谐的小技巧，那就是我们可以主动去咨询一些团队中刚入行的新人，尤其是比较腼腆的设计师的看法，如此一来他们就能以更轻松的心态主动找我们探讨方案了，这样做既能提升团队的整体产出质量，又能促进团队关系的和谐。

3. 协作方式的自然演进

每个团队的协作方式都遵循着自然演进的过程，当一个协作规则所带来的好处与需要设计师付出的成本不成正比时，这个协作方式就会慢慢地被自然淘汰，正如前面所讲到的怎么也用不起来的资源共享规则一样，这一点即便强制每位设计师必须执行也是一件毫无意义的事情，只会让人产生反感。另外，很多团队会套用其他成熟团队的运作规则，这些规则在原本团队或许很有成效，但在本团队无论如何也运作不起来，这种情况其实不应该责备执行者不按规矩行事，而应该考虑该规则是否真的合乎时宜。

协作方式的自然演进

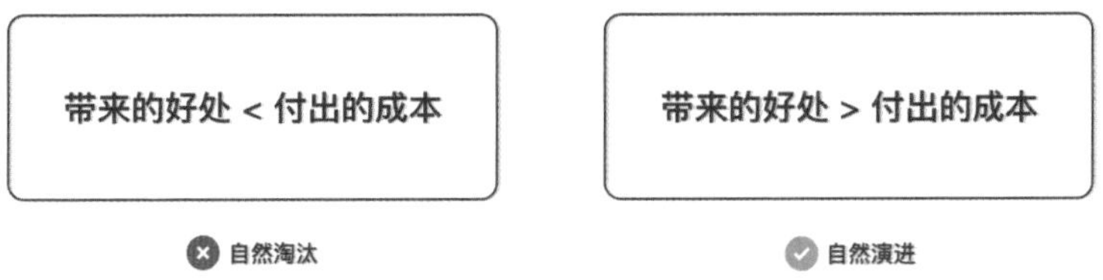

带来的好处 < 付出的成本	带来的好处 > 付出的成本
✕ 自然淘汰	✓ 自然演进

若规则制定者信心满满地制定了规则，却发现没人执行，难免会造成一定的心理落差，可这不也正如设计方案一样吗？用户并不一定会按照设计师的思路去使用产品，我想这一点也解释了为何规则的制定有时难以落实的现象。若是按照这个思路来想，那么协作规则的制定就必须考虑到它所对应的用户需求，

即设计师的需求。而一个符合设计师需求的规则即便不去强制，也会逐渐被使用起来，并且大家会自觉维护这套规则。

有一个工作中的实际案例我觉得用来解释这一点非常合适。在之前，我们的设计团队在输出动效文档时遇到了一个问题，每位设计师书写动效参数的思路各不相同，有的列出表格、有的图文结合，还有一部分设计师不会写参数。这不只对设计师的设计交付造成了影响，同时由于研发工程师很难理解类似参数的不同写法，也增加了不少沟通和走查成本。基于这个问题，我们制定了一个动效参数书写文档，是一个很简单的 keynote 格式的文档，设计师只需在文档中的对应位置直接填写对应的参数即可，研发工程师也能看懂。这份文档在制定后就没有再维护过，也没有督促过每位设计师必须按照该文档进行标注，但过了近两年的时间，大家依然在延续使用。对于一些无法满足的特殊场景，设计师还会自发地在文档中对应的位置补充对应的内容。即便新入职的设计师也会很快上手使用这个文档，它仿佛成了每位设计师标注动效参数的习惯，我想这或许才是为团队设计的良好案例。

动效参数书写文档

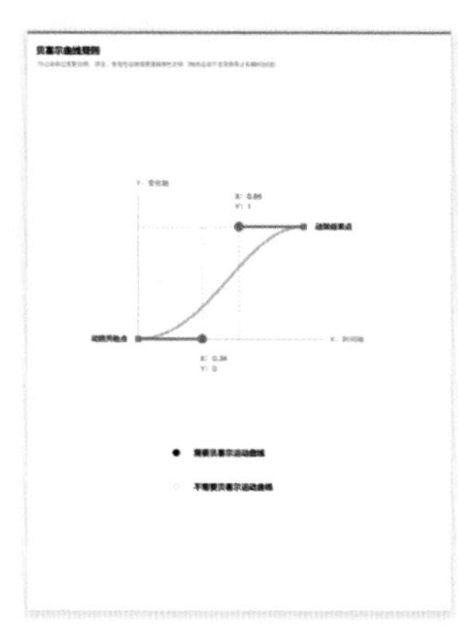

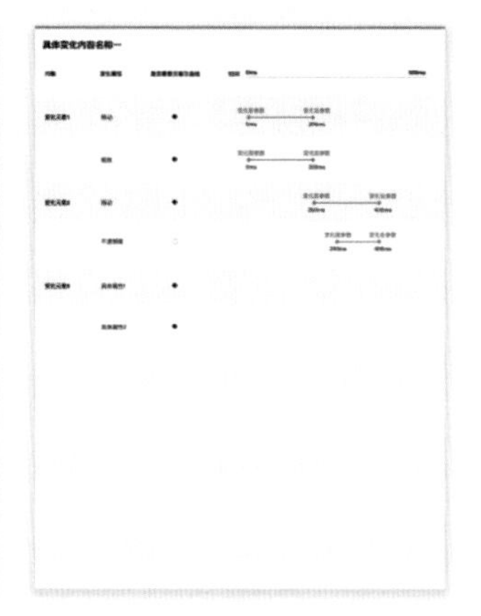

当然，我们也曾制定过一些“失败”的规则，如为增加团队在每个项目中的参与感，我们每周去参加研发工程师的会议；我们也曾为促进大家交流，每周集中在一个会议室中讨论设计方案等，但由于成本过高，这些规则也自然被淘汰。但我觉得这合情合理，相反，如果为了达成某个所谓理想的结果，不去考虑其带来的成本并强制每个人必须执行，我想那才是一个真正失败的案例。

在团队的协作中，无论是制定好的协作规则还是彼此沟通，都应考虑到设计师的执行效率与感受，在这一点上，团队中的每个成员都可以是设计的发起者，每个成员也都是设计的受益者。也只有这样才能使彼此之间的协作更加和谐、顺畅，进而带动整个团队能力的提升，这就是为团队设计的价值体现。

4.2.2 设计驱动

设计驱动是设计的另一个层面的价值，也是很多设计师都知道但时常被外界忽视的价值。在大部分人看来，设计作为常规流程的中间环节，其产出依赖于需求，设计师基于该需求，再对此进行设计层面的优化或细化。这种常规流程在以前很长一段时间内都很奏效，但随着团队的成长，我们会发现有越来越多的团队开始以设计视角主动地发现方案与协作中的问题，其中也诞生了很多优秀的项目。设计驱动的价值在逐渐被放大，至少目前已经能够看到这个发展趋势的苗头了。

1. 有生命的团队

所谓设计自驱是指设计团队在脱离了外界推力的情况下，仍然可以保持一个良好的运作状态，这种运作的推力来自设计团队内部，更准确地说是来自团队中每位设计师的自身诉求。在一定场景下，这份推力还可以作用于团队外部，以促进产品及协作的不断优化。这就是一个“有生命的团队”区别于“机器团队”的主要因素。

设计驱动不是彰显设计价值、帮助设计师拥有话语权的工具。很多设计师会误认为常规被动地接受需求是缺乏价值的表现，只有项目的发起者才有最大的价值，如此才能让设计师变成项目的核心，进而拥有更多的话语权。事实上，要在一个由多角色共同完成的项目中剥离出设计师的价值是非常困难且毫无意义的一件事，无论这个项目是由哪个角色驱动的，都依赖于所有成员的努力。也正因如此，设计师真正做到驱动其他角色，也就必须征求所有参与者的意见，也必须考虑参与者的诉求与协作体验，而这期间又恰好应该放弃所谓话语权，否则驱动的过程也将因此变得非常困难。

另外，设计行业中存在很多“伪自驱”的现象，“伪自驱”就是表面上看似是自驱，实则推力并不来自设计师自身，而是管理者利用系列管理办法试图打造的“有生命的团队”。因为推力来自管理者，所以当失去了这个推力后，团队便会停止运转。在现实工作中，“伪自驱”经常被用作变相的压榨工具，意图让成员在完成常规任务外，还必须完成其他的增值任务，虽美其名曰“设计驱动”，但不会考虑设计师的诉求，而是向其“索取”更多的成果罢了。“伪自驱”不仅不会给设计师带来好的感受，还会间接地影响到其他参与者的感受，比如那些试图“强推”的方案，很多时候正是设计师受到外界压力的影响所产生的不良反应。

设计驱动属于一种创新活动，而来自外界的推力往往会让这个创新活动变质，让其演变成体力活动，当然结果也自然不会有太大的亮点。在丹尼尔·平克的《驱动力》一书中有很多科学成果及实际案例解释了这种现象。

在书中，作者阐述了关于驱动的 3 个阶段。

驱动力 1.0 阶段是指生物冲突。人们想尽一切办法生存下来，饿了就要寻找食物，渴了就要寻找水源，这是人们最基本的生理需求。

驱动力 2.0 阶段是求奖避罚。这个阶段认为工人就像复杂机器里的组件，只需奖励那些鼓励的行为，惩罚不鼓励的行为，人们会受到这些外界作用力的影响，从而让整个机器的效率得到了提升。这种机制被称为“胡萝卜加大棒”，“胡萝卜”是指奖励，“大棒”是指惩罚。其在一些机械性的工作中起到了至关重要的作用，但它往往也会扼杀工人在工作中的创意性与积极性。

驱动力 3.0 阶段是内在驱动。在很多工作场景中，“胡萝卜加大棒”已经失效，有些时候甚至会带来负面效果，这时则需要根据每位成员的诉求，并由其自主地去寻求方法，以达成目的。这期间其他人需要做的则是帮助彼此更好地达成这个诉求，也只有这样才能让一个“机器团队”变成一个“有生命的团队”。

《驱动力》一书中阐述的关于驱动的3个阶段

驱动力 2.0 阶段是外在驱动，驱动力 3.0 阶段为内在驱动，这两者之间有着本质的区别。或许“压力带来动力”在创造性工作中并不适用，也更容易让人产生强烈的反感，因此在创新活动中过多的“外界压力”所带来的往往都是不好的结果。这一点在诺曼的《情感化设计》一书中也同样有过类似的解释，

我总结如下：

正面情绪会唤起好奇心，有助于激发创造力，使大脑处于开放、高效学习的状态。而当人们处于负面情绪时，感受到的是紧张或焦虑，这时会不由自主地集中注意力，因此也更容易"一叶障目"。

在工作中，无论是"胡萝卜"还是"大棒"，都会给人带来紧张或焦虑的负面感受，这种紧张的感受或许有助于机械性任务的完成，但对于创新性工作有着相反的作用。

那么，内在驱动又是如何作用于我们的设计工作中的呢？首先，每位设计师在工作中都有内在的诉求，如设计师都期望自己能够成长，都期望产出优秀的作品，也都期望可以在工作的协作中更轻松、高效，这是设计师的普遍诉求，也是设计驱动的核心动力。其次，每位设计师都期望自己可以给他人带来价值，所以他们期望用户更喜欢、更欣赏他们的作品，以及设计师也期望他人与自己有良好的协作体验。真正的设计驱动就是基于这些诉求而产生的设计过程，而一项优秀的自驱项目往往能够很好地将自身诉求与团队诉求结合起来，进而为各方带来价值。

上述诉求对应着设计驱动的两个方面：第一个方面是设计作品层面的驱动诉求，第二个方面是设计协作层面的驱动诉求。

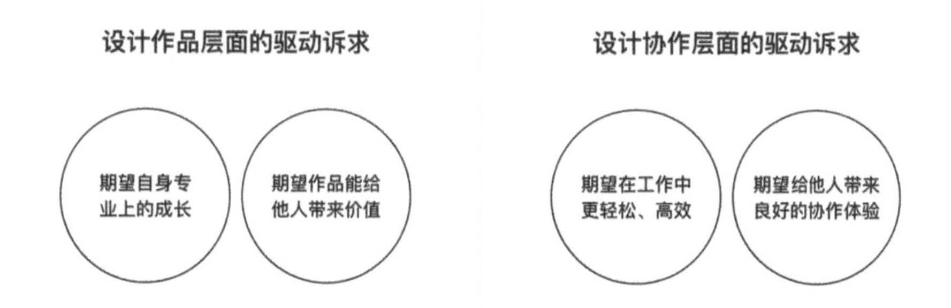

2. 设计作品层面的驱动

对于设计师来说，设计作品层面驱动的核心诉求是设计专业层面的成长，同时也能够给设计师带来足够的成就感。而对于产品来说，设计驱动又为产品提供了一个看待问题的不同视角，让产品更加全面、完整。

单从常规流程中的设计作品来看，设计师也在一定程度上自驱。比如，在设计时我们都会尝试多种设计方案，即便业务方并不会如此要求，设计师也会自发地在有限的时间内尝试更多的可能性。这在一定层面上也属于一种自驱，但若是业务方每次都有查看多个方案的要求，那么这项自驱就会开始变质，会有更多刻意做出来“陪稿”的方案产生，这些方案并非来源于自驱，更多地往往是为了应付要求，因此“陪稿”方案除了浪费设计时间，往往参考性都不太大。

不过，设计作品层面驱动的难点主要还是集中在那些“纯粹由设计师发起”的项目中。尤其是在一些推崇“常规流程”的环境中，这种驱动的阻力还会增大。

这类项目往往需要设计师更全面的思考，除了设计师自身的诉求，也必须考虑团队及协作者的诉求，提前渗透方案。事实上，设计师在设计驱动项目中的思考，要比业务方在常规流程中的思考更加全面、缜密，这样才能够让项目得到一个很好的结果。从目前行业来看，设计驱动仍是一种非常规行为，而非常规行为所带来的问题往往容易被放大，所以一些问题在常规流程中出现时可以被大家接受，但在非常规流程中或许并非如此。因此，如果在这种环境下让设计驱动的项目更加顺畅，就需要设计师对设计方案进行更细致的把控，并且也要更重视协作者视角中的问题。

除此之外，设计师还需要关注设计方案所带来的成本问题。在设计驱动的项目中，很多设计师都会倾向于“搞事情”，最好可以颠覆每个人的认知。这样的大改动或许看似很凸显设计师的能力，但往往也会伴随着较大的用户接受成本及项目研发成本，尤其是在一个相对成熟的产品中，大改动更会牵扯多方面的因素，因此也会更难推进下去。其实，设计驱动并不一定要把精力关注在那些看似颠覆性的革新上，或者说即便设计师有了一个比较宏伟的想法，也应该尽可能地把这个想法拆解成众多的细节，并逐步尝试推进，只有这样才能让其阻力减少及让成本更加可控。

驱动一个设计方案的落地并不简单，除了基于一套优秀的设计方案，一些协作中的细节也会影响项目的进行。比如在项目发起前，设计师就需要向协作者简单渗透此事，以确保在项目发起时不会由于冲击过大造成协作者难以承受。因为设计驱动与常规流程不同的一点是在常规流程中，每个角色对接下来的任务是有所预期的，设计师或研发工程师都很清楚每周会有新的业务需求。但设计层面的需求如果不提前渗透，其他角色往往是缺少预期的，外加一项反常规流程，难免让人误认为这是设计师在“搞事情”。而当项目的“首次露面”没有给协作者留下好印象时，那么接下来的行为也难免会受其影响。而提前渗透过这层信息，大家就会稍显适应，进而也就更容易接受这项任务。

提前渗透还有一个非常好的作用是，可以让其他协作者提前参与项目，在项目前期参与项目比较简单，协作者只需要根据方案阐述自己的看法即可，设计师根据这个看法进行优化，由此而来的方案已经在前期就融入了协作者的意见，因此在后续也自然会更加容易被接纳一些。

设计驱动所需思考的两个因素

在协作中，设计方案的接纳程度与成本决定了项目的优先级。接纳程度很容易理解，就是协作者对方案产生的共鸣，成本是指协作者对此方案需要投入的精力。在一般情况下，协作者对方案的接纳程度高、方案的实现成本低是最理想的状态，优先级也就会被拉高。另外，即便协作者对方案的接纳程度一般，但如果实现成本较低，这样的方案在推动时也能够被协作者接受，在空余时间可以进行尝试；但接纳程度一般，又需要较高实现成本的方案，恐怕优先级就会被无限拉低，甚至无法推动。

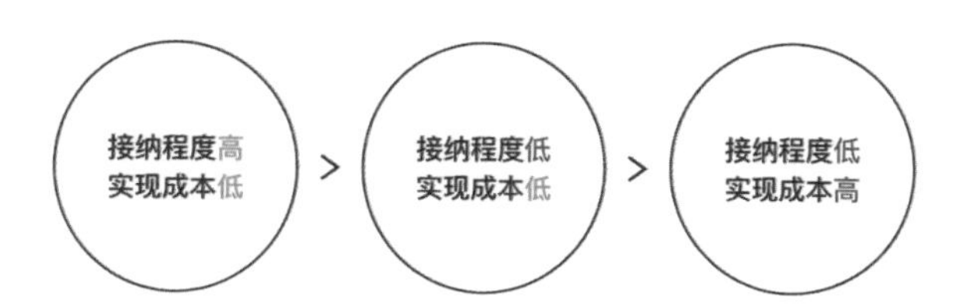

这种优先级的定义方式符合大部分的团队，不过这也并不是一个一成不变的规则。在现实中，不同团队对优先级的定义略有差异，有些团队比较重视方案的共鸣，相对不太在乎成本问题，而有些团队也可能恰好相反。设计师需要根据团队的实际情况，制定符合当下团队的优先级，并把精力着重放在优先级最高的问题中，如此才能更利于方案的实际落地，而只有落地了的方案，才能验证其是否真正符合预期。另外从协作层面来看，即便设计驱动充满阻力，也只有着手尝试了才能发现产生阻力的真正原因，根据这个原因制定下一次的驱动方式。那些“搞事情”及“优先级不高”所导致的驱动失败，都来自很多设计师的真实经历，而如果缺少这些真实经历的沉淀，我想或许也就很难体会到设计驱动的难度所在，但对于产品来说，这是合情合理的，因为正是这份阻力，才让产品的发展变得更加稳定、可控。

3. 设计协作层面的驱动

接下来，我们来探讨设计协作层面的驱动。每位设计师都期望在协作上可以更加轻松、高效，这是毋庸置疑的，不只是设计师，这一点也是所有协作者的共同诉求。我们会不断地去发现一些让协作更合理的规则、制度及一些可以让协作更高效的工具。而当设计师着力于优化这些协作中的关系时，其实就是协作层面的驱动。

协作层面驱动的受益者是团队中的每个成员，其带来的结果也是能被直接感受到的。关于协作规则方面，我们在前面已经有所讨论。无论协作对象是设计师还是其他角色，在协作规则的制定上都应考虑到对方的诉求与体验，如此才能减小规则运行的阻力。另外，规则的运行遵循自然演进，合乎时宜的制度即便不做强调，大家也会自发地参与维护，相反，与团队不够匹配的制度就算再强调，也很难运行下去。

除了协作规则，协作工具也在设计工作中起到了重要的作用，下面我们将讨论工具给设计工作带来的便利，以及如何让这些工具应用到我们的设计工作之中。

回想一下我们多年前的设计过程，就不难发现曾经那些效率不高的设计。那时，我们需要在 Photoshop 这样的“重武器”上设计界面效果图，并且早期 Photoshop 的每个文件中只能承载一个主界面，所以每个项目中都会产生数十个 PSD 文档。除了方案设计，我们还需要很多重复性的任务，如我们需要先将每个界面导出到本地的一个文件夹中，再花上近一个工作日的时间来标注、切图。除此之外，我们还需要把标注和切图通过邮件的形式发送给研发团队，而期间哪里出错的话，更新标注又是一件令人“头疼”的事情。

后来，设计师逐渐转战 Sketch ，随着插件的丰富，我们从标注到本地文档过渡到了在线标注，如此便可直接分享一个链接给研发工程师，标注的维护与更新也变得相对轻松不少。多人协作有 Abstract 这样的同步工具，让团队内的设计文档也可以持续保持在最新状态。再之后我们又开始逐渐过渡到 Figma 在线设计工具，连协作同步及上传标注的流程都被工具取代了。

除了设计过程，在动效方面借助 Airbnb 团队的 Lottie，可以高度还原复杂的动画效果，也能为研发工程师节省大量的研发时间；在几年之前，阿里巴巴推出了“鹿班系统”，一个更智能的工具，可每秒产出 8000 张海报。通过工具的完善，那些重复性的体力劳动在今后会越来越少，因此设计效率也在逐渐提高。

当然，以上所讲的都是非常成功的工具，事实上，并非所有的“新科技”都能很好地贴合团队的需求，也并非都能让设计师为了它而放弃之前的工作习惯。与协作规则相同的一点是，若是该工具在团队中所带来的成果低于人们需要付出的成本（包括学习成本与适应成本），那么工具引进的阻力也就会变大，或者说即便成功投入使用，也会慢慢被淘汰。而如何成功引进一个符合自身团队诉求的工具，就需要设计师对当前工作中的问题进行洞察，还需要对新技术特点进行全面的关注。

随着设计及协作工具的逐步完善，很多设计师开始产生恐慌，因为这些提升效率的工具看似都是在与设计师“抢饭碗”，设计师与机器的“矛盾”已经不止一次出现在我们的视线中。与多年前相比，现在的工具简单、轻便，能够熟练使用工具就能成为设计师的低门槛如今早已不复存在。可以肯定的是，今后的工具还会不断进步，这是不可阻挡的趋势，但同样可以肯定的是，这些工具所替代的仅仅是那些重复性的、无须过脑的体力劳动，一旦涉及需要思考的环节，工具就会变得“很傻”。比如，Lottie 虽然可以让动效的实现更加轻松，但它很难根据具体场景生成一个合适的动效；Figma 可以让设计和协作更加高效，但它无法解决协作中所遇到的突发问题。而对于设计师来说，最重要的也正是这些需要思考的事情。

设计驱动在如今看来，已然不是什么新鲜的概念了。无论是设计方案方面的驱动，还是团队协作方面的驱动，都是设计带来价值的重要体现。同时这也是设计师成长，以及获得成就感的重要途径。不过，这也并不意味着设计驱动所带来的价值就一定高于常规流程中的设计价值，自驱与非自驱都是设计工作中的重要部分，从目前行业来看，来自业务方的项目仍是设计师的主要任务，也是设计师的基本职责，因此，设计师在追求驱动的同时，也必须考虑到这个基本职责。而从产品的角度来看，无论驱动方是谁，其目标必然都是达成产品价值的提升，也只有尽可能地去达成这个目标，才是团队内每个角色的共同期望。

第 5 章

行业与生活

5.1 与行业共处

5.1.1 与设计相遇

与设计相遇存在很多偶然性，我在踏入专业前并不太了解设计到底是什么，最初选择设计不过是在网上看到很多人说设计要比绘画好找工作。另外，我也感觉“设计”这个名字听上去很好听，显得很有韵味，毕竟“计”字听上去就是需要过脑的行为。

艺术类大学的升学需要校考，也就是专业考试。当时我参加校考的题目是绘制 3 张设计图：设计素描、设计色彩和设计基础。这也让我首次对设计有了认识：绘画是照着东西画，设计是不需要照着东西画。因为不需要照着东西画，所以当时练习设计时最大的感受就是不用总抬头看参照物再低头画了，非常轻松。不过，让我一开始接受不了的是设计基础部分，太像儿童画了，感觉很幼稚，记得当时有同学画了一棵树、几个小孩，似乎还有几个气球，受到了老师强有力的表扬，还被当作示范挂在了墙上。我当时很迷离，也是第一次感觉到设计很难。考入大学后，听说大学一年级一整年都要学习设计基础，可把我“吓坏”了，我以为是要画一年“儿童画”。后来发现不是这样的，设计基础是指表现形式不限，越新颖越好，主题也不限，随便画。

我发现有些人脱离了限制就不会创作了，而有些人脱离了限制就很狂野，而我是后面的那种。结果在画板上胡乱折腾一通，虽然过程很舒爽，但不知道自己在干什么。我当时有点儿迷茫，不过老师很喜欢。

这种状态一直到了大学三年级，那个时候开始选专业方向，有两种选择：一种是视觉传达，另一种是动画。我很喜欢动画，但我看过动画的设计与执行过程，一画就是几百张图，很“残忍”。我感觉动画压力太大，所以就选择了视觉传达，这名字听上去就比动画轻松很多。

或许因为老师不同，也或许是其他原因，在之后的作业中，我发现老师对作品的倾向性有了很大的转变，即开始倾向于欣赏画面精致和创意巧妙的作品。当时我心想，或许这才是真正的设计，因为从这个时候开始，作品的完成需要动脑筋了，作品需要有想法才能通过老师的审核。完成作业变得更难了，但我觉得这一点也和最初对设计的理解相吻合了。

对互联网产品开始接触是在大学四年级这一年，有好多同学暑期要去北京实习，说要去做界面设计，我才恍然发现，原来手机界面是由设计师设计出来的。我并没去实习，但找到了一份自由职业：绘制手机主题。

早期绘制手机主题还是挺赚钱的，尤其对一个正在上学的人来说，佣金很诱人。

手机主题分为设计和制作，我会设计，但不会制作。手机企业为了鼓励更多的主题可以投入市场，会帮助一些看着不错的作品进行制作，相当于企业出钱，找人帮设计师制作。于是第一次了解了设计师与研发工程师的合作过程，当时我以为这样也算得上是有界面设计经验了。不过现实很残酷，手机主题算不上是一个真正的产品，手机主题的设计不太需要考虑可用性，用户更换手机主题多出于情感层面，追求的是创意性和新鲜感。所以，拿手机主题的设计作品找工作并没有什么优势，而那些在互联网企业有过实习经历的同学其优势就很大。

不过当时的互联网企业太多，我最后总算是找到了一个比较合适的工作。从那开始才算真正意义上踏出了体验设计的第一步。

与体验设计相遇存在很多“偶然中的必然性”，入行前期的每个动作似乎都对这个结果起到了一定的作用，但似乎又没什么太大的关系。我相信很多设计师与行业的相遇都并非蓄谋已久，或许只是因为一个很小的原因就选择了这个行业，但这种选择又并非空穴来风，而是经历了很多看似没有直接关系的铺垫，然后发现不知不觉地，自己已经在这个行业中了，又不知不觉地，很多年就过去了。回头才发现自己已经成为一位设计师了。

5.1.2　神奇的设计行业

互联网的产品设计很神奇，神奇的地方在于，它不需要大家有多么强的功底就能入门，也就是说，即便没有任何经验，用不了多久，也能掌握设计的一些基本规则，甚至可以直接开始工作。不过我想或许也正因如此，才会铺天盖地有“一周教你学会设计”这类课程吧。

设计行业的神奇之处还在于，虽然看似简单，却又极其复杂。所以，即便新人可以很快入行，但也不过只是认识了设计而已，随着与设计相处时间的增加，它就会不断地展现出让大家意想不到的一面，进而反复刷新大家的认知。比如，刚入门的时候或许认为设计就是简单几笔勾勒出来的界面而已，但一段时间之后就会发现，几笔勾勒出来的界面也有很大的差异。再过一段时间可能又会发现如此简单的界面也存在着很多实现的阻力，这类认知无穷无尽，随着设计师对设计理解的深入，就会发现该行业的复杂性。

不过，行业的这种复杂性不会在某一阶段突然进入设计师的大脑中，它是循序渐进的。这也是设计行业更为奇妙的地方，如果行业的复杂性是突然出现的，那么从业者必然会因为承载不了这份压力而产生抵触，我想或许因为设计行业在长期进化中已经“考虑”到了这一点，所以为了与设计师和谐相处才这样做的吧。

但这份复杂性并不一定会暴露给每位设计师，设计的复杂性取决于设计师自身对行业的看法与观察，所以，即便从事设计十年有余，仍把设计看成一个非常简单的“抠图行业”的设计师也大有人在。而设计行业能给设计师带来的价值，我想也正源于设计师对行业的这份洞察。

设计具有千人千面的属性，每位设计师所看到的那一面都有所不同，这一特点在音乐行业中如此，在文学中也是一样的，这也是设计行业的艺术性体现。有些设计师把设计看成增值工具，认为好的设计应该带来商业价值；有些设计师把设计看成一种语言，认为好的设计是更美好的沟通方式；有些设计师或许还会把设计作为表达内心的媒介。设计不存在一种固定的用法与目的，不同的用途之间也没有对错之分，通过设计，我们总能找到最贴近自己内心的用途，而不同的用途又决定了设计的最终呈现，我想这也是设计的迷人之处。

我发现如今很多人有较强的控制欲，总是喜欢把自己的东西强行赋予别人，从口吻细节中大家就能发现这种控制欲，如带着教育的口吻告诉我们“好的设计应该这样，不应该那样”，说法过于绝对，就限制了设计师的想象空间，进而降低了其中的艺术性。

设计行业是具有艺术性的，我们能看到很多设计师都在强调设计与艺术的差别，但很少有人再去关注两者的关联性。设计师把从行业中接收到的信息，结合自己的理解设计成符合具体场景的作品，这个过程本身就很艺术。设计师在设计中不断提取出新的视角，再把它运用于设计外的其他场景，这个过程也超出了技能范围。而设计行业带给设计师的这些可能性，从某一层面来看，又何尝不是一种艺术呢?

5.1.3 在设计行业之中

设计行业是一套去中心化的系统，有点儿像《失控》一书中所描述的蜂群系统一样，整个行业中没有一个人或一个组织可以控制行业的发展。无论从整个设计史中世界各地的设计发展来看，还是如今互联网中各设计团队的发展来看，都不难发现设计具有“百花齐放”这个特点。

因为没有中心，也就没有可以遏制行业发展的命门，设计行业不会因为某个个体的消失而停止运转。因此，一些成功的设计革新与其被说成某个个体的天才之举，倒不如说是源于行业发展的需要更为贴切。比如，当年若没有微软首次在智能手机上实践扁平化的设计风格，那么扁平化风格就不会出现吗? 其实并不是，当风格发展到一定程度时，必然还会有其他团队发现这个革新趋势。

这一点在马特·里德利的《自下而上》一书中就有类似的解释:

灯泡既可用来比喻成发明创造，其本身也是一项漂亮的发明创造。它为数十亿人带来了廉价的光明，照亮了黑夜，驱散了寒冷；它淘汰了蜡烛和煤油的烟火风险;它让更多的孩子接触到了教育。我们应该感谢托马斯•爱迪生的贡献。

但假设说，托马斯·爱迪生还没想到灯泡的点子之前就触电身亡了，历史会完全不同吗? 当然不会，会有其他人想出这个点子来的，而且的确也有其他人想出了这个点子。在英国，我们爱把纽卡斯尔的英雄约瑟夫·斯万（Joseph Swan）称为白炽灯泡的发明者，他展示了自己稍早于爱迪生的设计，两人还通过成立合资公司来解决争议。俄罗斯人则把发明灯泡的荣誉归于亚历山大·洛德金（Alexander Lodygin）。事实上，根据罗伯特·弗里德尔（Robert Friedel）、保罗·伊斯雷尔（Paul Israel）和伯纳德·芬恩（Bernard Finn）合著的发明史，有不少于23人在爱迪生之前发明出了某种形式的白炽灯泡。虽然许多人不以为然，但一旦电力成为常态，灯泡就不可避免地会被发明出来。爱迪生当然是天才的发明家，但他并非不可取代。

设计行业中也是如此，在行业中不存在一个绝对不可替代的人或组织。不过很有意思的是，虽然行业的发展没有绝对的领导者，但设计师作为设计行业的重要组成部分，又对行业的发展有着至关重要的作用，也是行业中的贡献者，这种贡献存在于设计作品的每一处细节中，也存在于设计师之间的每次沟通交流，以及每一个想法或观点中。这种贡献无处不在，只要设计师还在以设计的视角去观察产品、观察行业，就会产出这份贡献，就像蜂群中的每只蜜蜂一样。

当某个设计团队发现了某种有利于行业发展的内容后，就会通过某种形式把它表现出来，如文章或作品等。其他设计师获取到这些信息后，经过自己认知的二次加工，再产生新的东西。通过以上这些过程的累积，好的内容会逐渐沉淀下来，变得越来越好，而不好的内容则会被淘汰。不过，不好的内容也同样重要，这些内容虽然会被淘汰，但也为今后的发展提供了参考。也正因有了设计师的这些贡献，设计行业才得到了前进的能量。行业的前进最后也会反哺给设计师，为设计师带来更多的归属感和成就感，进而为每位设计师带来一个更好的工作环境乃至生活环境。

5.2 与生活共处

明明是一本设计专业的图书，却非要写上一篇关于生活的叙述，虽然看着略显突兀，但其本质上有着千丝万缕的联系。我之前一直在想，设计除了能给设计师提供一份工作，还能不能为我们带来一些其他的价值，或者说多年之后，由于一些客观原因造成我们不在这个行业工作了，那么它还能给我们留下一些什么，一份回忆？还是与他人茶余饭后的谈资？

设计工作与生活直接看来似乎没什么关联性，因为我们总不会在闲着没事的时候，打开电脑去设计一个界面，这不合常理；也不能在生活中总是去分析我们身边的朋友，总是去分析别人，我想也确实挺讨人厌的。所以，设计对于我来说好像只是工作上的事情，下班了，就立马变成了一个“无职业者”。

不过，后来我发现工作与生活虽然看上去是分离的，但本质上还是存在着一定的联系的，因为很多灵感说不好它到底来自哪里，如一个思路，它或许来自设计工作中，也或许是生活中的思考影响了设计工作，再从设计工作中经历了一番加工又回到了生活中。也可能来自他人，经过了自己思想的一番加工又呈现了出来。

在思考经历了一番混乱的折腾后，我想与平行时空的那个没选择设计行业的我来做对比，我俩对待生活上的思考方式一定会有所不同（虽然我也不知道那一面到底是如何思考的）。其实，我觉得只知道它不同就行了，具体它来自哪儿也不是那么重要了，就比如设计师都不怎么爱穿西服，但很难说清是我们学了设计后就慢慢不爱穿西服了，还是不爱穿西服的那群人学设计的概率较大。我一直都不愿意穿西服，穿上就浑身难受，感觉整个人被固定了起来，胳膊也伸不开，走路都慢了半拍。

所以，价值源头既然找不到的话，索性就不找了。

5.2.1　行为维度如何影响生活体验

之前在很长一段时间里都很焦虑，我猜一定是被那些“坏人”们害的，早在上学期间，就总有软件培训班来跑过来跟我说：“都大学三年级了，还不学习软件啊，哎，现在还不太晚，不过你再不学可就真晚了。”整个学校被这种恶劣的氛围笼罩着，大家争先恐后报名，结果坚持上 3 节课以上的人屈指可数。我当时给自己找的理由是“缺了一节，跟不上了”。

在生活中，总有一些人喜欢给别人施压，他们自己很努力，但不可思议的是这群人一定要拽上你也像他们一样努力，你不努力奋斗，他们恨不得让整个世界都唾弃你，即便你们之间根本不熟悉。努力变成了一种表扬，所以在工作中表现出奋不顾身的人就招来青睐，认为他真棒，如果在生活中也是每天只睡 3 个小时，剩下的时间都用来学习，那这个人简直就是时代的楷模、所有人的偶像。努力被视作一种表扬，我觉得这件事很可怕，我想那些抱怨命运不公平的人，或许很多都是因为努力了却发现结果不符合预期。更重要的是当你真的为了某件喜欢的事情而去花时间经营时，其实我觉得应该是感受不到自己在“努力”的。而你若是都感受不到自己的努力，又怎么会去给别人施压，让别人像自己一样努力呢？

不过这些压力也并非全部来自他人，很多时候还是自己给自己施加的压力。很多人会给自己设定目标，比如看书，给自己制定目标：每天要看够两个小时，一年要看完多少本。于是生活中也开始背 KPI（关键绩效指标）了。

看书确实挺磨人，一本书太厚了，当读到它的 80% 左右时，心思就会开始涣散，或许因为渴望读完它的成就感，再之后的翻页速度就会明显加快，不过还是翻不到头就看不下去了。所以，顺利读完一整本书对我来说还是挺难的，我很羡慕那些可以读完一整本书的人，但也不太想为了这个把最后那一部分勉强读完，因为太煎熬了。我觉得短文章也挺好的，可以读得很快，但短文章又缺少了系统性及长文章所带来的沉浸感，更重要的是，在网上找到一篇高质量的文章也不是一件太容易的事情，这一点我想也是如今纸质图书还存在的意义。

读书更多的是享受读书的过程，是那种沉浸在作者视角中的感受，具体看过多少本书意义并不太大，更重要的是在生活中背 KPI 的事情实在太影响生活体验了。也可以说是我“懒”。

不过生活中有很多东西懒不得，比如看病。北京的医院普遍比较火爆，一个科室一上午能排到上百个人，排队几个小时很常见，排到心情暴躁而大打出手的也大有人在。有一次我去看病，排了 3 个多小时的队，浑身是汗，轮到我的时候，大夫问了下情况，然后说：“没事，开点儿药，你回去吧。”前后不到两分钟，这很难让人接受，这反馈也太快了，快得像他没有给我诊断病情一样。我这从大老远跑过来的，还排了 3 个多小时的队，好歹也得花上 20 分钟，才不枉我排这么长时间队吧。于是我开始主动报不同的症状，结果大夫打断我说：“你到底哪里难受？我诊断不了你那么多的症状。”当时在我眼中，这大夫的嘴脸瞬间变得狰狞，心想：“这大夫是不是有病？”我猜当时大夫的心里也同样想着：“这人是不是有病？”

回头想想这件事，如果每个病人都花费 20 分钟，或许我就还需要再排几个小时的队，没准儿这病都看不上了。这么想的话，与我行为不匹配的反馈也能够接受了。

“反馈”这个词汇在设计工作中比较常用，用在生活中总觉得有些奇怪，不过感觉也没有更好的词汇可以替代它了，所以就先这么用着吧。我觉得反馈在生活中有着很大的作用，如果付出了较大的动作，结果获得了较小的反馈，就会让人失望；如果付出了较小的动作，获得了较大的反馈，也会“吓”到自己。所以我们在聊天的时候，一般对方说了多少话，我们就会反馈差不多的话语，毕竟对方说了很长一段话，只回一个“哦”字是容易引起对方不满的。

5.2.2 未共识的情感与生活矛盾

很多时候，在与人相处时会受到情感的影响，而且每个人对于情感的定义是不同的。有一次我去参加朋友的婚礼，坐在同一张桌子上的人不全认识，但大家聊得都还不错，突然一个人拿起一杯水想喝，另一个人惊慌地提醒道：“这是我的水杯。”但收到了对方不慌不忙的一句反馈：“我知道，没事，没事。”然后这个人就开始喝水，我看到了另一个人听完这句话后不知所措的眼神，并且之后再也没喝过那杯水。

我猜喝水的人一定是认为，坐在一张桌子上聊得不错，就是自己人了，这样我喝你的水代表的是我不嫌弃你，或许是拉近关系的举动。但另一个人可能就不这么觉得，这么亲近的动作或许已经形成了冒犯。场面略微尴尬，但我认为喝水的那个人并没有感受到这种尴尬。

如果是两个思路相同的人出现上面这样的场景，或许就会其乐融融，但重要的是我们并非真正了解别人的思路，所以掌握一个社交距离在某些时候还是比较重要的，至少这不会让一个动作变得更坏。

中国人讲究客气，尤其是对于一些熟人。比如，当我们去一个远房亲戚家串门时，他们一定会留我们住在他们家里，然后我们会说不打扰他们，自己去住酒店，于是便开始争抢拉扯，其中有些时候我们是真的想去住酒店，有些时候他们也并非真想让我们住在他们家里，只不过大家都在客套，但我们永远猜不到对方的真实想法。这时的结果就很尴尬，要么意见不合而散，要么统一地达成双方都不愿意看到的结果。两种结果都令人难受。

减少这种客套引发的尴尬，我想或许只能是让彼此更了解自己的想法。但情感真的很复杂，我们怎么做到了解别人的真实想法，而确认他不是在客套呢？想想头就大，所以也就不想了。或许平时把自己表现得真实一些，他人就能更加了解自己了吧。

看过一部很好的电影，名为《狗十三》，里面的情节非常真实，但也因为真实，所以很震撼。从每个人的立场来看，大家都觉得这是一件合情合理的事情。家人对主角李玩“很好”，所以她也应该“很幸福”才对，但这个不懂事的孩子总是“挑事”，把家里搞得鸡犬不宁的。这部电影因为客观的表现，所以对观众的引导性也相对较小，同一部电影在不同观众看来甚至会产生截然不同的看法，我想或许这就是电影的厉害之处。

在电影中，家里人对李玩很是体贴，但完全是站在自己视角中的体贴，这份体贴建立在“长辈对晚辈的呵护”上，而非“理解”上，所以在狗跑丢了的时候，李玩追问长辈们“你们去找了没有”，得到的回答却是“爷爷很辛苦，还帮你说话，你要体谅老人呀”。再多的体谅全都偏离，进而引起了很多矛盾。而当李玩不断地去理解这些“体贴”时，也就放弃了其最真实的一面。

当然，以上想法也不过是我个人对电影的理解罢了，代表不了什么。我想不同的人会有不同的解读，我看到很多人更理解电影中的家长，也有很多人更理解李玩，我想持有这些不同观点的观众或许也是组成这部电影的重要部分，或许生活中就需要这两种观点的互补、制约，如果缺少了一方，没准儿反倒会失衡。而观点倾向一边的那些电影就不会带来这样的思考，或许是电影引导性太强的原因，这些电影总让人觉得缺乏真实感所带来那种震撼。

不过有些电影追求真实，有些电影追求观众的普遍喜好。像电影这种艺术形式或许本身就没有固定的格式，不同的电影吸引不同类型的用户，就会比较和谐，就好像一个设计永远无法满足所有的用户一样。而我们自身的性格又何尝不是如此呢？

以上我觉得都是生活中的设计视角，是如何让我们自己在生活中有一个更好的体验。所以说即便设计师真的有一天不再做设计工作了，这些视角或许也都是设计留给我们的礼物，一个为自己创造良好体验的视角，当然，也可以以此为他人创造一个好的体验。

5.2.3 享受距离所带来的美感

一个行业问题一直困扰着很多设计师，也算得上是一种焦虑吧，如 35 周岁以上找不到工作时该做什么，以后的生活何去何从？这是与设计师朋友聊天时的必聊话题，对于这个问题，我感觉太难了，因为没有经历，想象力就很受限，不知道该往哪想。或许在找不到设计工作的时候，大概会去想该做什么吧。

所以，没经历过就没法想象，我觉得其实没必要现在去想得特别清楚，没准儿哪天发了一笔“横财”也说不定。如果发了这笔“横财”，那么现在想得特别清楚岂不是很浪费精力，我们要抵制浪费。我发现很多人都喜欢把未来的事情想得特别清楚，如做什么事情都要做一个全面细致的规划，我觉得这虽然让事件相对可控，但同时限制了我们对未来的想象，而对明天缺少想象，就会很让人难受、很禁锢。

但也不是说所有事情都不去想得细致一些。生活中有些事情是带有明确目的的，如去办理各种手续或把某件二手物品卖出去，像这类事情就需要提前考虑清楚，因为办理手续一旦资料没带全或一些事情没考虑周全，就只能白跑一趟，在这样的事情上，没人会给我们留太多的补救机会，毕竟大家都是按照这套规则行事的。有些事情比较重要，一旦出错就很严重，如赶火车或举行婚礼，最好可以尽可能地提前想到更多的可能性，只有这样才能确保重要的事情更加可控一些。

我平时常常这么和自己说：“好的东西，必须让它在生活中存在少数，否则就会破坏它在你心中的价值。”我忘记了在哪里也看到过类似的观点，大概是说：

“如果你期望让一处风景在你心里保持最美的状态，那么就要降低它出现在你眼中的频率，这样才能让这个风景一直保持鲜活。”

这种现象很有趣，如果人们经常接触到一个壮观的景象，那么他们对这些令人赞叹的景象就会习以为常，也就不觉得哪里值得赞叹了。早在上学的时候，学校周围的环境就非常令人向往，在海滩附近，而且学校附近还有 5A 级景区，刚入学的时候大家都比较疯狂，毕竟一想到可以在这样的环境下度过大学四年的时光，就会有些让人兴奋。可没过多久，大家就都习以为常了，景区变成了日常的散步场所，也就不觉得这样的环境有那么让人兴奋了，有些时候甚至还会因游客太多而感到烦躁。

所以，对于一些东西还是需要让它与日常保持一定的距离，才能体会到那种美感，而把它拉得过近反而限制住了对它的想象，工作中如此，生活中也是一样的。不过，有些东西永远会与我们保持着距离，所以它的美感也是无限的，比如明天，比如设计。